Section de l'Ingénieur

H. BOURSAULT

Calcul du temps de Pose en Photographie

GAUTHIER-VILLARS ET FILS

G. MASSON

ENCYCLOPÉDIE SCIENTIFIQUE DES AIDE-MÉMOIRE

COLLABORATEURS

Section de l'Ingénieur

MM.
Alain-Abadie.
Alheilig.
Armengaud jeune.
Arnaud.
Bassot (Colonel).
Baume-Pluvinel(dela).
Bérard (A.).
Bergeron (J.).
Berthelot.
Bertin.
Biglia.
Billy (Ed. de).
Bloch (Fr.).
Blondel.
Boire (Em.).
Boucheron (H.).
Bourlet.
Candlot.
Caspari.
Charpy (G.).
Clugnet.
Croneau.
Damour.
Dariès.
Defforges (Commt).
Delafond.
Drzewiecki.
Dudebout.
Duquesnay.
Durin.
Dwelshauvers-Dery.
Fabre (Ch.).
Fourment.
Fribourg (Commt).
Frouin.
Garnier.
Gassaud.
Gautier (Henri).
Godard.

MM.
Gossot (Commt).
Gouilly.
Grimaux.
Grouvelle (Jules).
Guenez.
Guillaume (Ch.-Ed.).
Guye (Ph.-A.).
Guyou (Commt).
Hatt.
Hébert.
Hennebert (Cl).
Hérisson.
Hospitalier (E.).
Hubert (H.).
Hutin.
Jacométy.
Jacquet (Louis).
Jean (Ferdinand).
Launay (de).
Laurent (H.).
Laurent (Th.).
Lavergne (Gérard).
Léauté (H.).
Le Chatelier (H.).
Lecomte.
Leloutre.
Lenicque.
Le Verrier.
Lindet (L.).
Lippmann (G.).
Lumière (A.).
Lumière (L.).
Madamet (A.).
Magnier de la Source.
Marchena (de).
Margerie.
Matignon.
Meyer (Ernest).
Michel-Lévy.

MM.
Minel (P.).
Minet (Ad.).
Moëssard (Cl).
Moissan.
Moissenet.
Monnier.
Moreau (Aug.).
Niewenglowski (G. H.).
Naudin (Laurent).
Ouvrard.
Perrin.
Perrotin.
Picou (R.-V.).
Poulet (J.).
Prud'homme.
Rateau.
Resal (J.).
Ricaud.
Rocques (X).
Rocques-Desvallées.
Rouché.
Sarrau.
Sauvage.
Schlœsing fils (Th.).
Schützenberger.
Seguela.
Seyrig (T.).
Sidersky.
Sinigaglia.
Sorel (E.).
Trillat.
Urbain.
Vallier (Commt).
Vermand.
Viaris (de).
Vivet (L.).
Wallon (E.).
Widmann.
Witz (Aimé).

ENCYCLOPÉDIE SCIENTIFIQUE

DES

AIDE-MÉMOIRE

PUBLIÉE

SOUS LA DIRECTION DE M. LÉAUTÉ, MEMBRE DE L'INSTITUT

BOURSAULT — Calcul du temps de pose en Photographie

Ce volume est une publication de l'Encyclopédie scientifique des Aide-Mémoire; F. Lafargue, ancien élève de l'École Polytechnique, Secrétaire général, 169, Boulevard Malesherbes, Paris.

N° 151 A

ENCYCLOPÉDIE SCIENTIFIQUE DES AIDE-MÉMOIRE

PUBLIÉE SOUS LA DIRECTION

DE M. LÉAUTÉ, MEMBRE DE L'INSTITUT.

CALCUL DU TEMPS DE POSE EN PHOTOGRAPHIE

PAR

HENRI BOURSAULT

Chimiste à la Compagnie des chemins de fer du Nord.

PARIS

GAUTHIER-VILLARS ET FILS, IMPRIMEURS-ÉDITEURS Quai des Grands-Augustins, 55

G. MASSON, ÉDITEUR, LIBRAIRE DE L'ACADÉMIE DE MÉDECINE Boulevard Saint-Germain, 120

PREFACE

La détermination rigoureuse du temps de pose est un des problèmes les plus complexes de la photographie ; les débutants s'y heurtent dès le début et cependant, on entend, malheureusement trop souvent, nier l'utilité du calcul pour cette détermination.

On voit, du reste, des amateurs, des artistes et même des professionnels, opérer avec des appareils rapides, sans faire d'autre opération que de déclencher un obturateur ayant une vitesse qu'ils connaissent rarement et fonctionnant devant un objectif, généralement caché, dont les qualités et données numériques leur sont totalement inconnues.

L'utilité du calcul du temps de pose sera étudiée spécialement plus loin, mais il est bon de faire remarquer dès maintenant, que les résultats obtenus avec les appareils simplifiés automatiques ne sont bons, ou tout au moins acceptables, que quand l'opérateur connaît suffisamment bien son instrument pour ne s'en servir que dans des circonstances bien appropriées à sa construction.

Ces appareils, destinés en principe à saisir au vol des documents, ont été, dans ces derniers temps, un peu écartés de leur usage. Il ne faut pas espérer pouvoir les utiliser pour obtenir couramment de belles photographies; on a ainsi des croquis qui peuvent, dans beaucoup de cas, être très bons, mais on n'obtient qu'exceptionnellement de belles images complètes.

Il faut bien reconnaître, néanmoins, que les chambres à main ou détectives dont les modèles sont variés à l'infini ont obtenu auprès des amateurs une vogue considérable. Ces appareils permettent, en effet, seuls, en certains cas, de saisir des sujets rapidement entrevus, ou d'un abord difficile, sinon défendu.

Le calcul du temps de pose a déjà fait l'objet de nombreux travaux; plusieurs ouvrages spéciaux ont même été publiés. On doit citer les traités de MM. Vidal, Clément, de la Baume-Pluvinel, de Chapel d'Espinassoux, etc. J'ai fait de fréquents emprunts à ces excellents travaux; le lecteur, désireux de connaître à fond la question, devra s'y reporter.

J'ai toujours pratiqué le calcul du temps de pose, depuis la vulgarisation du procédé au gélatino-bromure. Plusieurs des coefficients qu'on trouvera dans ce manuel ont été déterminés en analysant des résultats obtenus pendant une quinzaine d'années.

On trouvera donc, à la suite des lois mathématiques et des données spéciales généralement étudiées et admises, quelques considérations nouvelles.

Le photographe opérant avec une chambre à main, aura des indications assez précises lui permettant d'augmenter, d'une façon pour ainsi dire automatique, le rendement de son instrument en perfectionnant ses phototypes. Chaque amateur pourra, d'après ces données, établir un tableau spécial fixant, pour les diverses époques de l'année, les limites au-delà desquelles il est impossible d'obtenir une épreuve satisfaisante.

L'usage des couches sensibles isochromatiques avec ou sans écrans colorés se généralise beaucoup; malheureusement, les conditions d'emploi sont très difficiles à déterminer *a priori*. Nous donnons cependant quelques conseils, plutôt théoriques que pratiques, mais suffisants pour guider les premières recherches des amateurs qui voudront avec raison étudier cette question.

Je me permets d'appeler particulièrement l'attention du lecteur sur les formules relatives à la photographie des objets situés à l'intérieur et sur leur application aux dessous de bois, aux excavations de rochers, aux rues étroites et, en général, à tous les sujets qui sont situés de telle façon, qu'ils ne reçoivent qu'une partie plus ou moins grande des rayons directs ou réfléchis émanant de la source d'éclairage.

La formule spéciale d'intérieur a été déterminée par moi en 1888 à la suite d'une demande de M. Stanislas Meunier, professeur de géologie au Museum, qui désirait avoir la photographie d'une plaque de grès, portant des empreintes fossiles de pas de *Cheirotherium*. Or, il s'agissait d'une dalle scellée contre le mur de la galerie de géologie, dans une assez mauvaise situation d'éclairage qu'il fallait accepter, sans pouvoir la modifier.

J'ai été assez heureux pour réussir deux clichés à différentes échelles et M. S. Meunier a bien voulu publier, à la suite d'une très intéressante notice géologique sur les fossiles ainsi reproduits, la formule qui m'avait permis d'obtenir ces photographies [1].

Je tiens à adresser ici, à ce savant maître, l'expression de toute ma reconnaissance pour l'appui qu'il a toujours bien voulu me prêter en toutes circonstances et, en particulier, de l'encouragement qu'il m'a donné, en me permettant d'illustrer par la photographie quelques-unes de ses remarquables leçons.

---

[1] La *Nature*, n° 791, 28 juillet 1888.

Je me suis trouvé dans ces circonstances aux prises avec une foule de problèmes relatifs au temps de pose. Ce manuel est le fruit d'une partie de ces études et de l'expérience ainsi acquise.

Je veux aussi adresser toute ma gratitude à M. Derennes, chef du service chimique du Chemin de fer du Nord, qui a guidé mes premiers pas photographiques et chimiques, et qui m'a toujours donné de très précieux conseils théoriques.

H. Boursault.

Janvier 1896.

PARTIE THÉORIQUE

CHAPITRE PREMIER

GÉNÉRALITÉS

1. Utilité de la détermination du temps de pose. — L'obtention d'un phototype exige une suite d'opérations comprises dans trois groupes distincts :

La préparation des couches sensibles ;

L'exposition à la lumière ;

Le développement.

La préparation des couches sensibles ne nous arrêtera pas ; l'amateur et même le photographe de profession ne s'occupent généralement jamais de cette opération, qu'il est d'ailleurs plus difficile de réussir quand on opère sur de petites quantités.

L'industrie prépare et livre couramment aujourd'hui des glaces et des pellicules au gélatino-bromure d'une qualité pratique irréprochable. Nous nous contenterons donc de prendre les couches sensibles telles qu'on les trouve dans le commerce, en faisant seulement les essais voulus pour en déterminer la rapidité.

Le temps d'exposition à la lumière ou plus simplement le *temps de pose* doit être déterminé aussi exactement que possible.

Dans l'obtention d'un phototype, le résultat final dépend, d'une part, de la constitution chimique de la couche impressionnable et de l'intensité des rayons actiniques de la source lumineuse, et, d'autre part, du temps pendant lequel les agents chimiques et physiques restent en présence pour produire la réaction photographique.

La couche sensible est variable mais d'une valeur connue à la suite d'une détermination préalable.

La source de lumière change dans des limites encore plus considérables. Non-seulement son intensité absolue varie à chaque instant, mais l'objectif employé laisse passer une quantité de lumière plus ou moins grande, suivant les constantes de sa construction et la dimension de l'ouverture pour le passage des rayons lumineux.

Le problème comprend donc plusieurs facteurs essentiellement variables.

Au moment de l'exposition, c'est-à-dire de la

principale phase de la production du phototype, l'opérateur fait réagir sur une couche sensible donnée, dont il n'est plus maître de changer les qualités, des variations chimiques dont il ne peut non plus modifier la valeur. Le temps seul est à sa disposition, c'est lui qu'il doit faire varier suivant les besoins.

C'est l'étude de ces variations que nous nous proposons d'exposer ici.

Mais, dira-t-on et dit-on en effet souvent, la troisième opération, le développement intervient pour corriger les erreurs de pose et ramener le phototype à sa juste valeur, surtout si on a péché par défaut.

Dans la pratique courante de beaucoup d'amateurs, le principe est de prendre des plaques très rapides, de poser le moins possible et de développer avec un révélateur des plus énergiques.

Nous réservons ces procédés pour les cas spéciaux où le côté documentaire l'emporte sur le côté photographique. Dans tous les autres cas, nous déterminons le temps de pose aussi exactement que possible et nous adoptons un révélateur lent et constant. C'est seulement dans ces conditions qu'on peut donner à un phototype toute sa valeur, en obtenant une bonne graduation des effets d'ombre et de lumière avec des demi-teintes harmonieuses.

Il est cependant bien entendu qu'on ne peut jamais calculer mathématiquement le temps d'exposition ; on a toujours besoin de surveiller le développement ; mais, dans la plupart des cas, ce moyen doit être exclusivement réservé à la correction de légers écarts de pose.

L'exposition peut d'ailleurs être comprise entre des limites variant dans le rapport de un à deux et même à trois pour des clichés encore très acceptables. Ce sont des écarts de cette valeur que le développement doit corriger ; un calcul bien fait donne une approximation beaucoup plus grande.

Le photographe sédentaire peut faire des essais plus ou moins nombreux, si toutefois, il fait abstraction de la dépense et du temps perdu ; mais le voyageur doit économiser son temps et surtout diminuer son bagage en n'emportant pas plus de plaques que le nombre strictement nécessaire.

Dans la pratique du photographe amateur, il se présente des cas extrêmement variables dépassant, dans des proportions considérables, les limites admises plus haut.

J'ai eu, sans rien faire de spécial, à employer des poses variant de $\frac{1}{50}$ de seconde à quarante-cinq minutes, soit dans le rapport de 1 à 3 000. Pour tous les phototypes ainsi faits, l'équivalent de pose était sensiblement constant et ils auraient pu être développés simultanément dans le même bain [1].

2. Exposition normale. — On entend par exposition normale le temps de pose exactement nécessaire pour obtenir un phototype présentant des oppositions de lumière et d'ombre avec des demi-teintes, ayant les mêmes valeurs relatives que sur le sujet lui-même.

Ce temps de pose normal peut être très long ou, au contraire, ne pas dépasser une faible fraction de seconde.

Pour ces derniers, on emploie souvent le mot « instantané » ; il y aurait à cela de sérieuses objections à faire au point de vue purement ma-

---

[1] L'exemple suivant me paraît utile à citer. J'ai eu à faire, en décembre, un très grand nombre de photographies de petits objets ; l'intensité de la lumière variait dans de très fortes proportions, car, le travail commencé à neuf heures du matin ne cessait qu'à trois heures du soir. La couleur propre des objets variait du blanc au brun rouge foncé, et enfin l'échelle changeait depuis $\frac{1}{2}$ jusqu'à $\frac{7}{1}$.

Dans ces conditions, le temps de pose a dû varier de dix secondes à trente minutes, c'est-à-dire dans le rapport de 1 à 180. Les glaces, de la dimension 4×4, accumulées sans classement dans une boîte, étaient développées à l'oxalate de fer, d'un seul coup dans deux cuvettes 18×24 en contenant chacune 24.

Les quarante-huit phototypes subissaient donc exactement le même développement, pendant le même temps ; or, après fixage, ils avaient une valeur pratiquement égale.

thématique ; mais, il est indispensable de faire remarquer qu'on fait un véritable abus de ce mot en photographie.

On considère comme phototypes instantanés et devant être développés dans un bain très énergique, tous ceux qui ont été obtenus par l'emploi d'un obturateur, et pour lesquels la durée de l'exposition a été inférieure à une seconde.

Il y a là, au point de vue de la pose, une grave erreur. Si le calcul exact indique, dans certaines conditions, $\frac{1}{20}$ de seconde pour l'obtention d'un phototype et pour un autre une minute, on a deux poses équivalentes. Mais, si le second n'a subi l'action de la lumière que pendant trente secondes au lieu de soixante indiquées par le calcul, il manque de pose et c'est lui qui devra être traité par un révélateur énergique, tandis que le premier restera dans les conditions normales.

On distingue donc pour le développement les phototypes *normalement posés* ou plus simplement *posés* et les phototypes *sous-exposés*. Ces derniers étant obtenus dans des conditions telles que l'exposition juste ne peut être donnée.

3. Considérations sur le développement. — Quelques auteurs font intervenir dans le calcul du temps de pose, parmi les facteurs chimiques, le coefficient d'énergie du révélateur.

Je ne crois pas devoir tenir compte de cet élément, au moins pour les cas ordinaires de la photographie posée. On a vu précédemment que le maximum de perfection est obtenu quand la pose est réglée de telle sorte que l'épreuve présente la même harmonie de contrastes lumineux que le sujet. Si donc l'action directe de la lumière est bien réglée, le développement doit agir d'une façon constante et uniforme sans exagérer l'opacité de telle ou telle partie de la surface.

Le rôle de modérateur ou plutôt de correcteur du développement est seulement utile pour adoucir précisément certains contrastes trop violents soit dans l'éclairage, soit dans la coloration du sujet.

On doit donc conseiller l'emploi de deux formules principales de développement ; l'une pour les phototypes posés et l'autre pour les cas extrêmes de sous-exposition.

Pour les poses normales, je prends comme type d'énergie l'oxalate de fer, dont on trouvera la formule à la fin du manuel, bien que ce procédé ne soit plus guère employé par les amateurs. Ce révélateur a le grand avantage d'être facilement préparé partout avec des produits chimiques bien définis ; sa couleur et sa limpidité étant une garantie de sa valeur, on n'est pas exposé à avoir un bain épuisé sans contrôle ni analyse pratiquement possible.

Quant aux phototypes sous-exposés, ils peuvent être développés par l'un quelconque des multiples révélateurs mis aujourd'hui à la disposition des photographes.

Pour l'un ou l'autre cas, on peut cependant dire que presque toutes les formules sont bonnes quand on les connaît bien ; mais il est bon d'insister sur la nécessité de prendre pour type un bain d'énergie constante.

Il n'est peut-être pas inutile, à ce propos, de recommander aux amateurs de se méfier de la tendance qu'ont beaucoup de commençants à essayer tous les produits nouveaux dont ils entendent vanter les qualités soit par des collègues, soit par des marchands intéressés. Il faut choisir en connaissance de cause une ou deux bonnes formules et s'en tenir là.

A côté des réactions qu'on peut soumettre au calcul, il y a en photographie une très large part de tâtonnements. Les formules ont généralement été établies à la suite de longs essais faits dans des conditions spéciales. Les amateurs sont très rarement en mesure de faire des recherches bien profitables, et on peut dire que ceux qui font le moins d'essais sont précisément ceux qui produisent le plus de belles épreuves.

Nous ne devons pas étudier ici cette question de développement et je n'ai pas à recommander spécialement un révélateur plutôt qu'un autre, (les deux formules qu'on trouvera plus loin, aux §§ **63** et **64**, ne sont données que pour fixer les idées au point de vue de l'énergie). Mais, dans tous les cas, il faut refuser ceux dont on ne connait pas la composition exacte et surtout éviter, quand cela est possible, l'emploi pour les phototypes normalement posés de bains achetés tout faits ; ils sont souvent trop vieux, altérés, d'une énergie très irrégulière et d'ailleurs mal connue.

Autrefois, les formules de développement étaient en très petit nombre et dérivaient toutes, soit des sels de fer, soit de l'acide pyrogallique. Aujourd'hui, à la suite des progrès de la chimie organique, la liste des révélateurs est illimitée, surtout dans la série aromatique.

Nous engageons les lecteurs qui voudraient étudier à fond cette question de se reporter aux intéressants travaux de MM. Lumière, et principalement au mémoire que ces auteurs ont publié dans la Bibliothèque photographique (1).

Les corps définis capables de révéler l'épreuve latente sont non-seulement très nombreux, mais ils sont encore souvent désignés dans le commerce sous des noms spéciaux destinés à

(1) Lumière (Auguste et Louis). — *Les développateurs organiques en photographie*, Gauthier-Villars, 1893.

cacher la vraie formule chimique. Il est cependant des cas, où il faut savoir gré aux fabricants d'avoir trouvé une désignation courte pour certains de ces produits; c'est le cas de l'*iconogène* qui désigne un *sel de sodium* de l'*amido-β-naphtol-β-monosulfonique*; ou du *métol* qui est un sulfate de *monométhylparamidométacrésol*.

4. Photomètres et actinomètres.— Enfin, on ne peut terminer ce chapitre de généralités, sans dire quelques mots des *photomètres* et *actinomètres*, ces instruments spéciaux destinés à apprécier directement le temps de pose, en simplifiant ou même en supprimant plus ou moins complètement le calcul.

Tous ces appareils ingénieux sont basés sur deux principes différents. Les uns chimiques, utilisent des réactifs sensibles subissant, sous l'influence de la lumière, des changements dont l'intensité donne approximativement la mesure de la puissance actinique de la source d'éclairage.

Les autres, purement physiques, mesurent la puissance lumineuse d'après la plus ou moins grande facilité qu'ont les rayons de traverser des écrans opaques gradués.

La discussion des mérites de ces divers actinomètres ou photomètres nous entraînerait trop loin et ne pourrait, d'ailleurs, être bien comprise avant la lecture des chapitres suivants ; nous y reviendrons plusieurs fois en temps utile.

On verra combien est complexe la question de détermination du temps de pose ; mais aucun instrument n'est capable de donner, mieux que le calcul, la valeur approchée de cette exposition juste, indispensable pour obtenir de bons phototypes et, en fin de compte, de belles épreuves positives.

Il est vrai que le calcul ne peut pas tout donner en photographie, mais on a le droit et on doit lui demander le plus possible.

CHAPITRE II

—

FACTEURS MODIFIANT LE TEMPS DE POSE

Les facteurs chimiques et physiques, capables de faire varier la durée de l'exposition, sont multiples; mais peuvent cependant être classés dans cinq groupes principaux.

I. — *Facteurs optiques résultant des données mathématiques de l'objectif.*

II. — *Facteurs chimiques relatifs à la sensibilité des substances modifiables sous l'influence de la lumière.*

III. — *Facteurs d'éclairage, relatifs à la puissance actinique de la source lumineuse employée, et spécialement aux variations de la lumière solaire, suivant le lieu, l'heure, la saison, etc.*

IV. — *Facteurs relatifs au sujet, variant avec la couleur, l'éclat, la position et l'éloignement.*

V. — *Facteurs relatifs au mouvement du sujet.*

I. FACTEURS OPTIQUES

5. Classification et constantes des objectifs. — Les facteurs de pose relatifs à l'objectif sont sinon les principaux, du moins les premiers que doit considérer le photographe ; ce sont les seuls obéissant à des lois mathématiques. Ils dépendent de la construction, du type et des dimensions relatives de l'appareil.

L'examen de l'objectif doit précéder toute opération sérieuse; les amateurs emploient trop souvent ces instruments sans les étudier. L'optique photographique a cependant été poussée fort loin et a abouti, depuis peu, à de nouveaux types perfectionnés. Ceux qui, avec raison, voudront connaître à fond cette question, devront lire avec la plus grande attention les ouvrages spéciaux, parmi lesquels il faut citer d'une façon particulière les récents et excellents ouvrages de M. E. Wallon [1].

Les objectifs, de types extrêmement variés,

[1] WALLON (E.). — *Traité élémentaire de l'objectif photographique*, gr. in-8. Paris, 1891. — *Conférence au Conservatoire des Arts et Métiers*, 1892. — *Choix et usage des objectifs photographiques*. Encyclopédie des Aide-Mémoire. Paris, 1893.

appartiennent à deux grandes classes principales :

1° *Les objectifs simples, à un seul groupe de lentilles* (objectifs à paysages ordinaires).

2° *Les objectifs à deux et à trois groupes de lentilles collées,* semblables ou dissemblables (objectifs doubles à portrait, symétriques, aplanats ; anastigmats ; orthostigmats triplets, etc.).

Toute grossière qu'elle paraît, cette classification est suffisante pour la détermination du temps de pose, au moins dans la plupart des cas ordinaires. On verra plus loin les relations qui existent entre la rapidité et les données de construction de ces divers types d'appareils, dont nous n'avons pas à étudier spécialement les qualités. Il suffit de savoir pour le moment que les objectifs simples ne se prêtent qu'exceptionnellement aux travaux très rapides.

L'opérateur, sachant à laquelle des deux classes ci-dessus appartient l'objectif qu'il emploie, doit avant tout en déterminer les constantes, c'est-à-dire les données mathématiques invariables. Celles-ci, assez nombreuses, ne sont pas toutes indispensables à connaître pour le temps de pose. Il nous suffit de déterminer : la distance focale principale, le coefficient d'ouverture utile, les diamètres des diaphragmes et enfin, l'angle de champ. Nous ne nous occuperons donc que de ces constantes, en indiquant pour chacune d'elles les procédés simples permettant de les mesurer avec une précision suffisante.

M. le Commandant Moëssard a inventé et décrit (1) sous le nom de *tourniquet* un instrument permettant de déterminer rapidement toutes les constantes d'un objectif ; cet appareil n'est guère en usage chez les photographes qui n'en auraient pas assez fréquemment l'emploi ; mais il devrait se trouver chez tous les constructeurs auxquels on pourrait s'adresser pour faire dresser le tableau des qualités d'un objectif acheté, ou guider l'opérateur dans le choix d'un nouvel instrument.

6. Distance focale principale. — La distance focale principale est, comme on sait, égale à la distance qui sépare le verre dépoli de la chambre noire, du point de départ des rayons sur l'axe de l'objectif, quand on a mis au point un objet situé à l'infini.

La position du verre dépoli est assez facile à fixer, c'est une question de précision dans la mise au point ; mais quel est le point de départ sur l'axe de l'objectif ? Il n'est pas marqué sur la monture, on doit donc le déterminer indirectement.

---

(1) Moessard (Commandant P.). — *Étude des lentilles et des appareils photographiques*. Paris, in-18. 1889.

Le nombre de méthodes qu'on peut employer pour cette recherche est très grand, il suffit de connaître en effet les lois des foyers conjugués pour y arriver par le calcul, en faisant des mises au point successives d'une même figure et en mesurant avec précision les échelles et les écarts entre les positions correspondantes du verre dépoli (1).

Le procédé suivant, recommandé par MM. Martin et Davanne, est très exact, et en somme facile à employer, à la condition d'avoir une chambre noire de tirage suffisant, c'est-à-dire au moins égale à deux fois la distance focale cherchée.

On commence par vérifier si l'axe de l'objectif passe bien par le centre du verre dépoli à l'intersection de deux diagonales tracées finement au crayon. Avec un compas et de ce point comme centre, on décrit une circonférence de diamètre quelconque, puis sans changer l'ouverture, on trace une seconde circonférence identique sur une feuille de carton blanc. Les traits doivent être très nets mais peu larges.

---

(1) Il est souvent commode d'avoir une glace dépolie très finement quadrillée au centimètre. Cet usage qui se répand est d'ailleurs excellent dans bien des cas et permet, en particulier, d'éviter des déformations pour fausses positions de la chambre ; en mettant au point, on est frappé par les défauts de parallélisme des verticales, même si on néglige l'emploi des niveaux.

On met au point très exactement un objet bien éclairé, situé à l'infini, c'est-à-dire, en pratique, à une distance au moins égale à cinq cent fois la longueur focale de l'objectif. Le sujet choisi doit présenter des lignes nettes. On trace ensuite avec une pointe fine, la position, sur la glissière, du cadre mobile de la chambre ; cette partie portant, soit le verre dépoli, soit l'objectif, suivant la forme de l'appareil.

La marque faite ainsi sera d'ailleurs toujours utile, puisqu'elle correspond, pour l'objectif employé, au tirage à donner à la chambre pour la photographie des paysages éloignés ; on pourra ainsi dans bien des cas se passer d'une mise au point.

Cette première opération étant faite, on fixe la feuille de carton sur une surface parfaitement plane, généralement verticale, mais cette dernière condition n'est pas indispensable, elle est seulement plus commode. On dispose ensuite la chambre noire devant cet écran en observant entre lui et le verre dépoli un parallélisme rigoureux. On fait la mise au point en amenant l'image de la circonférence tracée sur le carton en *coïncidence parfaite* avec celle du verre dépoli.

On marque sur la base fixe de la chambre la nouvelle position occupée par le même point de la partie mobile.

Dans le premier cas de mise au point sur l'infini, le tirage de la chambre était égal à la longueur focale principale. Dans le second cas, pour obtenir l'image en vraie grandeur, on a eu un tirage égal à deux fois cette longueur ; la différence entre les deux, c'est-à-dire, la distance entre les deux marques, est donc égale à la distance focale cherchée.

Malheureusement, si simple que soit cette méthode précise, beaucoup d'amateurs ne peuvent ou ne veulent l'employer.

On est donc, dans bien des cas, obligé de se contenter d'une approximation souvent suffisante, au moins pour le calcul du temps de pose. Après avoir mis au point sur l'infini, comme dans la méthode Martin et Davanne, on mesure directement la distance comprise entre le verre dépoli et l'objectif, en prenant pour point de départ sur celui-ci : la face postérieure de la lentille, quand il est simple ; ou le plan des diaphragmes quand il est formé de plusieurs groupes de lentilles.

Dans tous les cas, ce mesurage grossier de la distance focale principale devra toujours précéder toute détermination rigoureuse et permettra d'exécuter celle-ci plus rapidement.

Pour tous les essais qu'on fait dans le but de déterminer la distance focale d'un objectif, il est important d'employer un grand diaphragme, afin de diminuer la profondeur du foyer et, par suite, avoir moins d'incertitude sur la position que doit occuper le verre dépoli.

7. Diaphragmes ; ouverture réelle, ouverture utile. — D'après M. Wallon, auquel je ne peux mieux faire que d'emprunter les lignes suivantes : « On définit l'*ouverture* d'un « objectif par le diamètre du diaphragme qui « lui est adapté; l'*ouverture utile* par le dia- « mètre du faisceau incident parallèle à l'axe « principal qui peut traverser ce diaphragme.

« Nous nommons *coefficient d'ouverture utile* « le rapport de l'ouverture utile à l'ouverture, « c'est-à-dire le rapport des deux diamètres.

« Dans les objectifs simples, où le faisceau « incident rencontre le diaphragme avant d'ar- « river aux lentilles, il n'y a pas lieu de faire « cette distinction : le coefficient est toujours « égal à **1**.

« Mais dans les objectifs composés, le faisceau « n'arrive au diaphragme qu'après avoir tra- « versé un premier système optique : il est, par « suite des réfractions qu'il a subies, devenu « conique, et son diamètre à l'incidence, qui « mesure l'ouverture utile, est, de façon tout à « fait générale, plus grand que son diamètre au « moment où il traverse le diaphragme. Le « coefficient est plus grand que **1**. Il est d'ail- « leurs, pour un objectif donné, absolument

« déterminé par la nature et la position du « système optique placé en avant du diaphragme : « il est donc indépendant du diamètre du dia- « phragme employé, et il suffit de le mesurer « une fois pour toutes ».

Pour la détermination du coefficient d'ouverture utile, M. Wallon décrit plusieurs méthodes et recommande surtout la suivante, qui est à la fois très précise et, en somme, assez simple :

« L'objectif étant monté sur une chambre « noire et la mise au point faite sur l'infini, on « remplace la glace dépolie par une surface « plane opaque, une feuille de carton par exem- « ple, percée en son centre d'un petit trou, qu'on « éclaire fortement par derrière ; si l'on applique « contre la face antérieure de l'objectif un papier « transparent, on voit s'y dessiner une tache « lumineuse circulaire dont la surface est préci- « sément celle de l'ouverture utile et dont on « pourra facilement mesurer le diamètre.

« En divisant ce diamètre par celui du dia- « phragme, placé dans l'objectif pour cette expé- « rience, on aura le coefficient cherché ».

On devra donc déterminer de cette façon pour chaque diaphragme, l'ouverture réelle et l'ouverture utile ; c'est cette dernière qui intervient dans le calcul du temps de pose.

8. Angle. — L'angle de champ d'un objectif n'a pas besoin d'être connu avec précision pour le cas qui nous occupe. La désignation commerciale est ici très suffisante [1] ; il suffit seulement de fixer quelques limites.

On regardera comme *grand angulaire*, tout objectif embrassant un angle supérieur à 60° ou, plus simplement, quand la longueur focale principale sera inférieure au grand côté de la plaque couverte.

Un objectif grand angulaire ne doit être, pour le calcul du temps de pose, considéré comme tel que s'il est utilisé pour le plus grand format qu'il peut couvrir. Si on l'emploie pour une plaque plus petite, on n'utilise plus que le faisceau central des rayons qui le traversent : il doit être alors regardé comme un objectif ordinaire.

On emploie, en effet, très souvent, des objectifs à grand angle d'un assez grand format pour couvrir des plaques plus petites. La plupart des objectifs employés sur les jumelles $6 \frac{1}{2} \times 9$ ont une distance focale d'environ $0^{m},110$ et pourraient, avec un petit diaphragme, couvrir le format 9×12 et même au-delà. Ce sont donc des objectifs grands angulaires, mais ils ne sont pas employés comme tels.

---

(1) Les angles donnés sur les catalogues sont souvent un peu forcés.

COEFFICIENTS RELATIFS AUX CONSTANTES DES OBJECTIFS

9. Coefficient d'ouverture relative. — On démontre en physique :

1° Qu'une surface donnée, éclairée par une ouverture de dimension fixe, reçoit d'autant plus de lumière qu'elle est plus rapprochée de cette ouverture, et que cette quantité de lumière est inversement proportionnelle au carré de la distance.

2° Que pour une distance fixe, entre l'ouverture et la surface considérée, la quantité de lumière reçue croît avec la surface de l'ouverture et qu'elle est directement proportionnelle à cette surface ; c'est-à-dire au carré du diamètre, quand il s'agit d'une ouverture circulaire.

Dans la chambre noire photographique, la surface est représentée par la couche sensible et l'ouverture par le diaphragme de l'objectif.

La longueur focale de l'objectif est donc égale à la distance de la surface à l'ouverture et celle-ci a pour mesure le diamètre utile du diaphragme.

Un objectif est d'autant plus lumineux, c'est-à-dire laisse arriver sur la surface de la couche sensible une quantité de lumière d'autant plus grande, que sa distance focale est plus courte et que son diaphragme est plus grand.

Le *temps de pose* ou le temps pendant lequel la lumière doit agir sur la couche sensible pour produire l'image latente, après avoir traversé l'objectif, est d'autant plus long que celui-ci est moins lumineux.

On déduit de là les deux lois suivantes :

1° *Les temps de pose sont proportionnels aux carrés des distances focales.*

2° *Les temps de pose sont inversement proportionnels aux surfaces d'ouvertures utiles, ou aux carrés des diamètres de ces ouvertures.*

On voit que ces deux lois se compensent mutuellement et que l'augmentation de la distance focale peut être exactement annulée par une augmentation égale du diamètre du diaphragme.

Cela revient donc à dire que les temps de pose sont les mêmes, toutes choses égales d'ailleurs, quand on emploie des objectifs ayant la même ouverture utile relative.

On a ainsi la loi :

Les temps de pose sont proportionnels aux carrés des quotients des distances focales par les diamètres des cercles d'ouvertures utiles.

10. Coefficient de clarté. Classification des ouvertures. — La clarté d'un objectif est donc d'autant plus grande que l'ouverture utile *d* est elle-même plus grande par rapport à la distance focale principale F. L'inverse de la clarté représente alors le *coefficient de clarté*, c'est-à-dire le *numéro* N ou *temps de pose relatif* pour un rapport d'ouverture $\frac{F}{d}$.

Au point de vue pratique et pour simplifier le calcul, il est assez ordinaire que les diaphragmes des objectifs aient des diamètres tels que le temps de pose soit exactement doublé quand on passe de l'un d'eux à celui qui vient immédiatement au-dessous dans la série.

Mais, si ce système est commode quand on connaît le temps de pose pour un objectif donné avec un de ses diaphragmes, en admettant que la proportionnalité soit bien observée par le constructeur, il ne se prête nullement à la comparaison de deux objectifs différents.

Aussi, a-t-on cherché à unifier les ouvertures, en choisissant pour expression de l'unité de clarté un rapport simple entre la distance focale et le diamètre du diaphragme.

On donne le n° 1 au diaphragme correspondant à l'ouverture unité choisie et aux suivants des numéros exprimant directement la valeur du temps de pose par rapport au diaphragme unité.

Malheureusement, ici comme dans toutes les questions d'unification, tout le monde est d'accord sur le principe, mais chacun veut imposer son unité.

Dans le cas qui nous occupe, la question est d'autant plus complexe, que les uns considèrent l'ouverture réelle et les autres l'ouverture utile. Il est très facile de passer d'un système à l'autre, mais encore faut-il connaître la base de chacun.

Je vais indiquer rapidement les principales unités adoptées.

11. Série décimale du Congrès. — Le Congrès international de photographie en 1889, à Paris, a décidé de prendre pour unité le diaphragme dont l'*ouverture utile est égale au dixième de la distance focale.*

Les avantages qui résultent de cette unité décimale ne sont pas à donner, ils sautent aux yeux; mais on a pour les grandes ouvertures, souvent employées maintenant, des numéros plus petits que 1.

Les temps de pose relatifs N, c'est-à-dire les numéros des diaphragmes représentant le coefficient de clarté, sont donnés par la formule :

$$N = \frac{1}{10^2} \times \frac{F^2}{d^2} = \left(\frac{F}{10d}\right)^2.$$

On a ainsi la série suivante :

Numéro	0,16	0,25	0,50	0,64	0,75	**1**
Ouverture utile	$\frac{F}{4}$	$\frac{F}{5}$	$\frac{F}{7,07}$	$\frac{F}{8}$	$\frac{F}{8,66}$	$\mathbf{\frac{F}{10}}$

Numéro	2	3	4	8	16	32	64
Ouverture utile	$\frac{F}{14,14}$	$\frac{F}{17,3}$	$\frac{F}{20}$	$\frac{F}{28,28}$	$\frac{F}{40}$	$\frac{F}{56,56}$	$\frac{F}{80}$

Les tables et calculs généraux de ce manuel, sont établis d'après ce système.

12. Série de la Grande-Bretagne (U.S.N). — Les constructeurs anglais ont adopté depuis très longtemps et continuent à employer, malgré les résolutions du congrès, l'unité $\frac{F}{4}$ en partant de l'ouverture réelle. On a :

$$N = \frac{1}{4^2} \times \frac{F^2}{d^2} = \left(\frac{F}{4d}\right)^2.$$

donnant la série :

Numéro	**1**	2	4	8	16	32	64	128	256
Ouverture utile	$\mathbf{\frac{F}{4}}$	$\frac{F}{5,65}$	$\frac{F}{8}$	$\frac{F}{11,91}$	$\frac{F}{16}$	$\frac{F}{22,6}$	$\frac{F}{32}$	$\frac{F}{45.25}$	$\frac{F}{64}$

13. Série de Zeiss. — Dans la série allemande de Zeiss, l'unité choisie est le diaphragme dont le diamètre d'ouverture est égal au $\frac{1}{100}$ de la longueur focale. La graduation est, en outre, l'inverse de l'échelle ordinaire : plus l'ouverture est grande, plus le numéro est élevé ; celui-ci indique donc directement la clarté de l'objectif et non le coefficient de clarté ou temps de pose relatif.

La formule générale est :

$$N = \left(100 : \frac{F}{d}\right)^2 = \left(\frac{100d}{F}\right)^2.$$

On a ainsi la série suivante :

Numéro	**1**	2	4	8	16	32	64	128	256
Ouverture utile	$\frac{F}{100}$	$\frac{F}{70,7}$	$\frac{F}{50}$	$\frac{F}{35,4}$	$\frac{F}{25}$	$\frac{F}{17,68}$	$\frac{F}{12,5}$	$\frac{F}{8,84}$	$\frac{F}{6,25}$
Temps de pose relatif	**100**	50	25	12,5	6,25	3,125	1,56	0,78	0,39

14. Série du Dr Stolze ou de Dallmeyer. — Le Dr Stolze et M. Dallmeyer ont adopté une graduation décimale normale, dans le sens du temps de pose relatif, mais ils prennent pour unité le diaphragme dont le diamètre d'ouverture utile est égal à $\frac{F}{\sqrt{10}}$; les objectifs gradués d'après ce système portent les nos (1) :

Numéro	3	6	9	12	24	48	96	192	384
Ouverture utile	$\frac{F}{5,48}$	$\frac{F}{7,75}$	$\frac{F}{9,5}$	$\frac{F}{10,95}$	$\frac{F}{15,5}$	$\frac{F}{21,9}$	$\frac{F}{31}$	$\frac{F}{43,8}$	$\frac{F}{62}$

14. Séries diverses. — Les séries précédentes, déjà trop nombreuses, ne sont que des exemples des notations les plus usitées, beaucoup de constructeurs se contentent de graduer les diaphragmes, simplement en fonction de l'ouverture relative; ce système est assez bon, quand on conserve le principe de la graduation du simple au double, d'un diaphragme à l'autre; chacun peut transformer cette notation en tel ou

(1) Il suffit donc de diviser par 10 les numéros de cette série pour avoir le numéro correspondant du Congrès.

tel autre système, à la condition toutefois que la distance focale principale ait été bien déterminée ; mais, malheureusement, des graduations en apparence des plus soignées sont souvent très fantaisistes.

On doit, en particulier, contrôler les chiffres gravés à l'avance sur la monture des obturateurs portant les diaphragmes ; il est évident que dans le cas d'un de ces instruments monté après coup sur un objectif, il faudrait faire la graduation pour cet appareil et ne pas se contenter des indications primitives qui n'ont qu'une valeur relative.

Cette variété de numérotation des diaphragmes a conduit M. Carpentier à indiquer simplement sur la monture de l'iris des objectifs qu'il emploie, le diamètre en millimètres de chaque ouverture réelle. Ce système me paraît simple et très recommandable ; chacun peut ainsi, après détermination des constantes de l'objectif, établir une table d'après une série déterminée.

On verra plus loin que cette graduation peut être très utile pour l'usage des appareils à main, dans lesquels le temps de pose absolu étant fixe ou peu modifiable, on règle le temps de pose relatif au moyen du diaphragme.

15. Échelle unité. Infini pratique. — La formule du temps de pose relatif donnée plus haut (§ 9) est rigoureusement applicable dans tous les cas. Quand le sujet est placé à l'infini, l'ouverture relative est calculée d'après la distance focale principale de l'objectif. Quand le sujet est à une distance finie, son image se formant au foyer conjugué, c'est de cette longueur focale, spéciale à chaque cas particulier, qu'il faut tenir compte pour le calcul.

Théoriquement, on serait donc conduit à mesurer pour chaque opération la distance focale; mais, en pratique, à partir d'une certaine distance, relativement faible, grâce à la profondeur de champ et de foyer des objectifs, tous les points donnent une image nette sur le même plan focal (1).

Je nomme *infini pratique* cette distance mesurée en fonction de la distance focale principale de l'objectif au-delà de laquelle la mise au point n'est plus modifiée (2) et *échelle unité*, le rapport de la dimension de l'image à l'objet situé à cette distance minima.

---

(1) Ceci est d'autant plus vrai que l'objectif est à plus court foyer; pour les objectifs à long foyer peu diaphragmés, l'infini pratique que nous allons définir est reculé.

(2) Il ne faut pas confondre la position du verre dépoli dans ce cas, avec celle qu'il doit occuper dans les appareils à mise au point fixe; dans ce dernier cas, le tirage est toujours plus long, grâce au diaphragme employé pour diminuer la distance hyperfocale et pour donner, dans le but artistique, plus de netteté aux premiers plans.

On admet généralement que la position du verre dépoli n'est plus modifiée quand le sujet est situé à plus de 100 fois la distance focale principale de l'objectif, c'est-à-dire quand l'échelle de réduction atteint $\frac{1}{100}$.

$$\textit{L'infini pratique} = 100\ F\ ^{(1)}$$

$$\textit{L'échelle unité} = \frac{1}{100} = 0{,}01.$$

Au-delà de cette distance de 100 F, le coefficient optique du temps de pose est donc invariable, mais on verra plus loin (§ **40**), que le temps de pose absolu décroît progressivement pour des raisons et suivant une loi non mathématiques.

16. Coefficient de rapprochement. — Pour les distances plus faibles, il faudrait donc prendre pour base du calcul, la position du verre dépoli après chaque mise au point. Or, si la longueur focale est modifiée, l'ouverture de chaque diaphragme est invariable, son ouverture relative varie donc continuellement.

Mais, comme les numéros ou coefficients de clarté des diaphragmes sont gravés une fois pour toutes et, d'après la distance focale principale, il est plus simple en pratique de conserver cette graduation et de modifier le temps de pose

---

(1) Exactement 101 fois.

unité qui en résulte en appliquant un *coefficient de rapprochement*, calculé d'après la distance du sujet ou d'après l'échelle mesurée sur la glace dépolie.

Pour une reproduction à une échelle donnée $\frac{1}{x} = r$, la longueur focale conjuguée c, mesurée du verre dépoli au point nodal d'émergence est donnée par la formule :

$$c = F + \left(\frac{F}{x}\right) = F + (rF).$$

Le *coefficient de rapprochement* R, calculé d'après cet allongement de la distance focale, est :

$$R = (1 + r)^2.$$

Le tableau III à la fin du manuel, donne ce coefficient pour différentes valeurs de r. On verra, à la simple observation de ce tableau, que, pratiquement, le temps de pose est peu modifié quand r n'atteint pas 0,05.

17. Coefficients relatifs à la transparence, à l'angle et au type de l'objectif. — Les coefficients étudiés dans les paragraphes précédents supposent des objectifs identiques de construction et de type.

Le verre est plus ou moins transparent et retient, par suite, une certaine quantité de lumière ; on devrait donc appliquer un coefficient de transparence ; mais il est des plus difficiles et des plus incertains à déterminer (1).

Chaque surface de lentille réfléchit une certaine quantité des rayons reçus, il en résulte une perte de lumière ; le temps de pose augmente donc avec le nombre des surfaces réfléchissantes.

A ouverture relative égale, un objectif simple est donc toujours plus lumineux et demande, par suite, moins de pose, qu'un double, et à plus forte raison qu'un triplet.

L'*angle* de l'objectif modifie également un peu la durée de la pose. Plus l'angle embrassé est grand, plus il est difficile de répartir uniformément l'éclairage sur toute la surface de la plaque

---

(1) Ce coefficient est d'ailleurs modifiable pour un même objectif, avec le temps et à la suite de changements de température. Dans les pays chauds, le baume de Canada, employé pour coller les lentilles, se ramollit, jaunit et perd de sa transparence. Il suffit d'examiner à la loupe une lentille composée quelconque, un peu ancienne pour constater des altérations de ce genre.

On ne saurait donc trop recommander aux opérateurs de protéger leurs objectifs contre les rayons ardents du soleil.

Pour les pays tropicaux, on emploie quelquefois du baume de Canada, cuit d'une façon spéciale, afin de le rendre moins altérable, mais cela n'empêche pas de prendre des précautions élémentaires et le mieux est, pour opérer dans ces régions, de choisir des objectifs ayant le moins possible de surfaces collées. Ici encore, la combinaison la plus simple qu'on peut choisir est toujours la meilleure.

sensible ; quels que soient les efforts faits par le constructeur pour arriver à un éclairage régulier, le centre est toujours un peu plus lumineux que les bords. Chacune de ces parties devrait donc théoriquement poser des temps différents ; cela étant impossible, on fait usage d'un petit artifice qui consiste à sur-exposer légèrement. On verra dans un autre chapitre (§ **29**) que l'on peut ainsi atténuer les contrastes trop vifs entre différents points de l'image.

Cette augmentation du temps de pose doit nécessairement varier avec l'angle. On ne doit pas oublier d'ailleurs ce qui a été dit plus haut (§ **8**) à propos de la mesure de l'angle des objectifs et on n'appliquera aucun coefficient spécial quand un objectif dit grand angulaire sera utilisé pour une plaque plus petite que celle qu'il doit normalement couvrir, puisque dans ce cas, n'utilisant qu'une faible portion du faisceau lumineux, il y a une plus juste répartition des rayons.

Dans les objectifs spéciaux à grand angle, on est souvent obligé d'employer des verres très légèrement colorés et, par suite, moins transparents ; il y a là encore une cause faible, il est vrai, mais non négligeable, d'augmentation du temps de pose.

Comme on le voit, les coefficients propres de construction et de type des objectifs sont très complexes, et ne peuvent être calculés sur des bases précises ; il faut une longue suite d'essais faits dans des conditions identiques, ou tout au moins comparables, pour en fixer la valeur qui, heureusement, peut dans la plupart des cas être négligée.

On n'oubliera pas toutefois ce principe que, toutes choses égales d'ailleurs, l'avantage reste toujours à l'objectif dont la combinaison optique est la plus simple (1).

Pour fixer les idées des débutants et sans vouloir en aucune façon donner des chiffres absolus, j'ai admis les coefficients suivants pour les différents types d'objectifs les plus ordinairement employés.

Objectifs à deux groupes de lentilles collées (doubles, aplanats, symétriques, anastigmats, etc.) ; à angle moyen	= 1
Objectifs simples à angle moyen	= 0,80
Objectifs à deux groupes de lentilles collées, à grand angle.	= 1,25
Objectifs simples à grand angle	= 1

18. Trousses et dédoublement des objectifs doubles. — Nous n'avons pas à étudier ici les combinaisons focales multiples qu'on peut

(1) Ceci explique les résultats satisfaisants que l'on obtient dans certaines conditions bien déterminées en photographiant des sujets en mouvement avec des objectifs simples de très faible valeur.

obtenir avec les trousses ou plus simplement en dédoublant des objectifs doubles, symétriques ou non ; mais, toutes les fois qu'on aura à employer une de ces combinaisons, il faudra ne perdre de vue aucune des données développées dans les paragraphes précédents.

Les distances focales principales seront mesurées pour chaque cas particulier ; on n'oubliera pas que la numérotation des diaphragmes ne peut plus avoir qu'une valeur relative de l'un à l'autre et que, de plus, il faut considérer leur diamètre réel dans les combinaisons simples et leur diamètre utile quand il y a une lentille en avant. En un mot, on devra déterminer avec soin toutes les constantes de chaque système optique employé.

Pour les trousses multiples, la graduation des diaphragmes en milllimètres est certainement recommandable.

Quand on dédouble un objectif symétrique, on est frappé de la diminution du temps de pose relatif, malgré l'allongement de la distance focale; on comprend, d'après ce qui a été dit ci-dessus, que cette luminosité provient de la simplification du système et de la diminution de l'angle embrassé qui dépasse rarement alors 25 ou 30°.

COMBINAISONS OPTIQUES SPÉCIALES

19. Téléobjectif. — Les trousses de lentilles à foyers variables permettent d'obtenir, d'une station unique, une image du même sujet à des échelles différentes ; mais on est toujours très limité dans le grossissement : au-delà d'une certaine longueur focale, il faudrait, pour obtenir une image un peu grosse, d'un sujet très éloigné, employer des chambres noires d'un tirage exagéré non pratique, surtout en voyage.

On construit aujourd'hui, sous le nom de *téléobjectifs*, des instruments permettant d'augmenter de trois à dix fois les dimensions des images obtenues avec les objectifs ordinaires, et cela, sans allonger démesurément le soufflet de la chambre noire.

Par exemple, si avec un objectif de $0^m,200$ de distance focale principale on photographie un monument de 15 mètres de hauteur, situé à 200 mètres (exactement $200^m,20$) on sait que l'image aura 15 millimètres de hauteur et que la longueur focale conjuguée sera de $0^m,2002$. Avec le téléobjectif, on pourra obtenir une image huit fois plus grande avec une chambre noire 13×18 de tirage ordinaire ne dépassant pas $0^m,450$. En employant un objectif normal, il faudrait, pour obtenir du même point une image de cette dimension, une longueur focale, et par suite, une chambre noire de 1m,60.

Les téléobjectifs appartiennent à deux types principaux, définis de la façon suivante par M. Wallon [1] :

« 1° Combinaison de deux systèmes optiques convergents, dont le premier donne une image réelle qui se comporte comme un objet lumineux réel, par rapport au second, et dont celui-ci donne une image amplifiée, droite par rapport à l'objet ».

« 2° Combinaison d'un système optique convergent avec un système divergent interposé entre le premier et l'image que celui-ci tend à former des objets ; à cette image, qui se comporte pour lui comme un objet virtuel, le système divergent substitue une image réelle, amplifiée et renversée par rapport à l'objet ».

Avec l'un quelconque de ces deux types, la mise au point comporte deux mouvements : l'écartement des deux éléments du système optique et le tirage de la chambre noire, comme dans les cas ordinaires. Ces opérations sont facilitées par des graduations spéciales, très utiles, car le manque de lumière rend souvent la mise

---

(1) WALLON (E.). — *Choix et usage des objectifs photographiques*. Encyclopédie scientifique des Aide-Mémoire. Paris, Gauthier-Villars et G. Masson, 1895.

au point directe assez difficile pour les forts grossissements (1).

Ces instruments, d'abord destinés, comme leur nom l'indique, à photographier des sujets éloignés, peuvent avantageusement être utilisés dans un très grand nombre de cas spéciaux, même à l'atelier; on en construit pour le portrait. Le téléobjectif est le complément de la trousse à foyers multiples, qu'il ne remplace pas, mais à laquelle il fait pour ainsi dire suite.

Pour calculer le temps de pose quand on emploie ces instruments, la loi générale du carré du quotient de la distance focale par l'ouverture est toujours applicable; mais, il faut considérer l'ouverture utile du diaphragme employé dans l'élément convergent d'avant et pour distance focale, non plus le tirage de la chambre, mais bien la *distance focale équivalente*; c'est-à-dire celle d'un objectif ordinaire, donnant de la même station des images à la même échelle que le téléobjectif employé.

Ainsi, dans l'exemple donné plus haut, il faudrait prendre, pour distance focale, $1^{m},60$.

Mais, cette manière de calculer suppose que l'on a les éléments nécessaires pour mesurer

(1) Dans ce paragraphe, le mot grossissement ne veut pas dire que l'image est plus grande que l'objet, il est seulement relatif, et signifie que cette image est plus grande que celle que donneraient des objectifs usuels.

l'échelle ; il est généralement plus simple de déterminer le temps de pose en se servant des formules et tables générales, comme si l'élément positif était employé seul ; ce temps de pose est ensuite multiplié par le carré du grossissement obtenu, d'après le tirage gradué du tube du téléobjectif. M. Houdaille a dressé des tables spéciales pour la détermination du temps de pose avec les téléobjectifs construits d'après ses données.

Dans le calcul, il faut tenir compte, naturellement, des coefficients de transparence et de la quantité plus ou moins grande de lumière perdue, par suite des réflexions sur les lentilles.

D'autre part, il est prudent de se tenir un peu au-dessous du temps donné par le calcul ; car les épreuves obtenues avec les téléobjectifs ont toujours tendance à se voiler légèrement, surtout par les forts éclairages. Ceci tient en partie à la réflexion des rayons marginaux sur les parois de la chambre qui ne sont jamais absolument mates (1).

---

(1) C'est pour la même raison qu'il ne faut pas employer, sur une chambre donnée, un objectif couvrant beaucoup plus que la dimension de celle-ci.

Les chambres coniques à soufflet sont d'ailleurs excellentes pour arrêter, dans leurs plis, les rayons extérieurs. Dans les chambres fixes rectangulaires, il serait bon de disposer des écrans, allant en croissant de

20. Bonnettes d'approche. — M. J. Carpentier nomme ainsi des lentilles convergentes, qu'il place sur le parasoleil des objectifs montés sur des chambres à mise au point fixe, et en particulier sur sa photo-jumelle. Ce système permet d'obtenir des images nettes d'objets situés à une distance inférieure à la distance hyperfocale de l'objectif, sans modifier le tirage de la chambre.

Si un appareil est réglé sur l'infini, il ne peut donner une image nette d'un sujet placé entre l'objectif et le plan hyperfocal. Si on place devant cet objectif une lentille convergente, dont la longueur focale principale est précisément égale à la distance qui le sépare du sujet à photographier, tous les rayons émanant de ce point sortent de la lentille en faisceau cylindrique parallèle à l'axe, et arrivent finalement à l'objectif, comme s'ils venaient de l'infini. L'appareil étant réglé pour cette distance, on peut donc, avec un

---

l'objectif à la glace ; cette disposition rappelant celle des petits murs construits dans les tirs, pour arrêter les projectiles lancés dans des directions trop obliques.

Cette cause de voile est d'autant plus à redouter avec les chambres fixes, que l'on monte presque toujours sur ces instruments, spécialement construits pour opérer à la main, des objectifs d'un format supérieur, et que la sous-exposition, étant alors, pour ainsi dire, la règle, on emploie des révélateurs très énergiques, capables d'exagérer le voile.

jeu peu considérable de *bonnettes d'approche*, reproduire des objets à toute distance.

L'emploi de ces lentilles spéciales modifie fort peu la durée de la pose, puisque, dans toutes les positions, le sujet est pratiquement à l'infini. Il y aurait seulement lieu de tenir compte de la petite perte de lumière, due à la complication, d'ailleurs très faible, de ce système optique; mais, en somme, les bonnettes étant destinées à des cas spéciaux, pour lesquels on néglige forcément bien d'autres facteurs du problème, il n'y a pas à s'en inquiéter.

21. Photographie sans objectif. — On sait que l'objectif n'est pas indispensable pour obtenir, dans une chambre noire, une image d'objets éclairés. La chambre primitive de Porta est suffisante si on ne recherche ni la finesse, ni la rapidité.

Nous renvoyons le lecteur au traité de M. le Capitaine Colson [1], mais nous signalons cependant les avantages suivants de ce système, permettant, dans quelques cas, de faire des photographies qu'il serait impossible d'obtenir par les procédés ordinaires :

Angle embrassé considérable, profondeur du champ et profondeur du foyer très grandes,

---

[1] Capitaine Colson. — *La Photographie sans objectif.*

faculté d'obtenir, d'une station unique, des images d'un même sujet à plusieurs échelles, absence de la plupart des aberrations des appareils optiques à lentilles.

Enfin, il est à peine besoin de faire remarquer que ce système est le plus simple et le plus économique qui existe; on n'en tire certainement pas tout le parti qu'on devrait en tirer.

M. Colson recommande la netteté des trous qui doivent être coniques et percés dans une mince lame de métal.

Le diamètre, variable suivant la distance du sujet pour donner le maximum de netteté, est donné par la formule de M. Colson :

Soient,

d, le diamètre de l'ouverture;

D, la distance du sujet à l'ouverture;

F, la distance de l'ouverture à la plaque sensible.

On a

$$d = \sqrt{\frac{0^{mm},00081 \times D \times F}{D + F}}.$$

Au point de vue du temps de pose, on a toujours à considérer une distance focale, donnée par la distance de l'ouverture à la plaque sensible, et une ouverture de diamètre connu.

La formule d'ouverture relative peut donc être appliquée comme pour les objectifs ordinaires ; mais, d'une part, on n'a plus de perte de lumière, par défaut de transparence des lentilles ni par réflexions sur les surfaces de celles-ci et, d'autre part, il faut tenir compte de ce fait que les préparations au gélatino-bromure, seules utilisables dans ce cas, perdent de leur sensibilité relative, quand la pose est très prolongée (§ **23**).

M. G. de Chapel d'Espinassoux [1], qui a parfaitement étudié ces deux causes de modifications inverses du temps de pose, recommande de prendre la moitié du temps normal pour les éclairages brillants et les grandes ouvertures relatives, et, au contraire, de multiplier par 2 et même par 3 le coefficient, quand on a de très petites ouvertures (F/1000 et au-delà).

M. G. de Chapel d'Espinassoux a dressé un tableau complet du temps de pose relatif avec de petites ouvertures en tenant compte de toutes les conditions du problème. Nous en extrayons les quelques chiffres du tableau suivant et renvoyons le lecteur à l'ouvrage original, pour une étude plus complète :

(Les chiffres gras correspondent aux diamètres donnant le maximum de netteté).

---

[1] G. DE CHAPEL D'ESPINASSOUX. — *Traité pratique de la détermination du temps de pose.* Paris, Gauthier-Villars, 1890.

COEFFICIENTS DE CLARTÉ POUR LA PHOTOGRAPHIE SANS OBJECTIF AU MOYEN DE PETITES OUVERTURES

Diamètres des ouvertures en millimètres	Longueurs focales en mètres	Ouvertures exprimées en fonction de la longueur focale	Temps de pose relatifs
0,2	0,03	F/150	180
	0,05	**F/250**	**500**
0,3	0,09	F/300	720
	0,11	**F/366**	**1072**
	0,13	F/433	1500
0,4	0,15	F/375	1077
	0,18	F/450	1652
	0,20	**F/500**	**2280**
	0,25	F/625	4500
0,5	28	F/560	3237
	30	**F/600**	**3974**
	35	F/700	6468
0,6	40	F/666	5535
	44	**F/733**	**7435**
	50	F/833	11102
0,7	55	F/785	9370
	61	**F/871**	**12801**
	65	F/928	15707
	70	F/1000	20000

L'ouverture relative $\frac{F}{10}$ est prise pour unité.

II. FACTEURS CHIMIQUES

22. Détermination de la sensibilité des diverses préparations. — Les couches impressionnables, sur lesquelles doivent agir les rayons chimiques de la lumière, peuvent non seulement être de nature variable, mais aussi posséder pour une même composition des degrés différents de sensibilité. C'est-à-dire que pour une puissance lumineuse donnée et toutes choses égales d'ailleurs, la couche sensible utilisée devra subir l'exposition pendant un temps plus ou moins long.

Le photographe doit donc connaître, sinon avec une précision impossible à obtenir en l'espèce, du moins avec une grande approximation, la rapidité de la couche qu'il emploie, afin de déterminer la durée de la pose qu'elle exige.

Les anciennes préparations au collodion humide, au collodion sec ou à l'albumine, etc., beaucoup moins rapides que le gélatino-bromure d'argent ne sont plus guère employées aujourd'hui que dans des cas spéciaux exigeant une finesse exceptionnelle.

Le bromure d'argent, émulsionné dans la gélatine, forme en effet toujours des granulations visibles avec un grossissement peu considérable.

Les grains de bromure sont même d'autant plus gros que la rapidité de l'émulsion est plus grande. Aussi les efforts des fabricants doivent-ils tendre à diminuer ce grain tout en conservant la rapidité; car l'usage se répandant de plus en plus de faire des phototypes petits avec de très courtes poses, il est presque toujours nécessaire d'agrandir.

Cette pratique qui consiste à n'employer que des préparations rapides est souvent peu recommandable. Les photographes devraient employer de préférence, toutes les fois que la rapidité n'est pas commandée par des raisons spéciales, des plaques lentes au gélatino-bromure.

L'usage, et je dirais volontiers l'abus des appareils à main avec magasin de plaques, a, au contraire, généralisé l'emploi des glaces très rapides à gros grains.

Mais, je le répète, toutes les fois qu'on le peut, il faut employer des couches lentes qui donnent plus de latitude dans le réglage du temps de pose; la beauté du phototype, et par suite celle de l'épreuve finale, même agrandie s'il le faut, y gagnent; les demi-teintes sont plus douces et on ne perd pas les détails dans les ombres. Les préparations extra-rapides sont réservées pour les sujets en mouvement et en général pour la photographie documentaire. Nous allons étudier spécialement la rapidité de préparations au gélatino-bromure, mais les généralités s'appliquent à toutes les autres formules, en modifiant certains coefficients. Ici, comme pour les données numériques des objectifs, on se contente souvent des indications fournies par le fabricant; mais outre que celui-ci ne peut garantir exactement l'uniformité absolue de sa fabrication, des raisons commerciales le portent à attribuer à ses produits la valeur la plus généralement demandée par le public.

Malheureusement, les essais de sensibilité des couches photographiques sont assez délicats. Le problème comprend une série de facteurs peu connus ou surtout de valeur très variable, qui rendent toute détermination rigoureuse impossible; on doit donc se contenter d'une approximation.

Pour les essais de rapidité, il faut naturellement avoir une source lumineuse de valeur connue et constante ; c'est là que l'on rencontre en pratique une difficulté assez sérieuse; les appareils scientifiques excellents qui existent sont peu pratiques pour les opérations courantes.

Ed. Becquerel a, le premier, construit un actinomètre électrique au chlorure d'argent, mais cet appareil n'est pas utilisé en photographie; il faut cependant le citer, car il a servi de type à plusieurs instruments modernes.

M. Warnerke a construit un actinomètre basé

sur la phosphorescence ; c'est-à-dire sur la propriété qu'ont certaines substances, et en particulier des sulfures terreux, de rester lumineux et de pouvoir restituer, peu de temps après avoir subi l'action de la lumière, une partie de la puissance actinique emmagasinée.

Cette propriété, particulièrement étudiée par Ed. Becquerel [1] a également servi de principe à un grand nombre d'appareils scientifiques peu utilisés pour la photographie pratique.

Comme source de lumière unité, le congrès de Bruxelles a adopté la bougie décimale, définie par le Congrès des électriciens en 1889 et qui est égale à $\frac{1}{20}$ de l'unité absolue de M. Violle [2].

M. le capitaine Houdaille [3] a fait une série d'essais photométriques et de sensibilité de couches photographiques en prenant pour unité une lampe à pétrole à bec rond de 22 millimètres, brûlant 30 centimètres cubes de luciline à l'heure. Cette lampe, agissant à un mètre de distance pendant une seconde, constitue la *lampe-mètre-seconde*. Elle serait égale, comme valeur

(1) Ed. Becquerel. — *La Lumière*.

(2) D'après les décisions de la conférence internationale de 1884, l'unité de lumière blanche est la lumière totale émise par un centimètre carré de platine à la température de solidification. Cette unité est le *violle*.

(3) *Société Française de Photographie*, 6 avril 1894.

actinique, à 25 lampes à l'acétate d'amyle sans écran ou à 10 bougies de cinq au paquet.

M. Houdaille emploie cette unité de lumière pour impressionner une plaque avec un objectif diaphragmé au $\frac{1}{10}$, suivant l'unité du Congrès. Il arrive ainsi à trouver qu'il faut pour impressionner une glace extra-rapide 150 lampes-mètre-seconde; c'est-à-dire une source lumineuse 150 fois plus forte que l'unité et agissant pendant le même temps à 1 mètre de distance.

Malheureusement, toutes ces mesures, quelles que soient les précautions apportées à leur détermination, n'ont rien d'absolu, elles sont seulement comparatives, et si toutefois toutes les conditions secondaires sont identiques. Ainsi quand, dans l'essai précédent de M. Houdaille, une glace donnée est impressionnée par une lumière valant 150 fois l'unité et agissant pendant l'unité de temps à 1 mètre de distance, le résultat n'est pas le même que si on faisait agir une source lumineuse unité à 1 mètre de distance pendant un temps 150 fois plus long. Dans le premier cas, l'opacité est plus forte que dans le second.

Le degré de sensibilité d'une préparation donnée est donc relatif; pour que la comparaison puisse être faite entre deux couches, il est indispensable que la source lumineuse soit la même.

M. Warnerke a construit, sur le principe de

son actinomètre, un sensitomètre assez répandu dans l'industrie des plaques photographiques.

Dans cet appareil, une plaque d'un sulfure terreux est éclairée au moyen du magnésium, elle prend le maximum de phosphorescence, sans qu'il soit besoin de tenir compte de la quantité de lumière émise, à partir d'une certaine limite rapidement atteinte. Cette plaque phosphorescente est employée pour impressionner une couche photographique en interposant entre les deux des écrans d'opacité graduée. L'intensité de la lumière émise par le sulfure étant regardée comme constante, la couche photographique essayée est d'autant plus sensible qu'elle a été impressionnée sous un écran plus opaque.

M. Davanne fait justement observer combien cette détermination présente d'incertitude, surtout au point de vue de la composition et de la sensibilité de la substance phosphorescente.

Si toutes ces méthodes pèchent au point de vue de la détermination absolue de la sensibilité, elles donnent cependant en pratique des indications très suffisantes pour la détermination du temps de pose, quand on connaît bien les conditions dans lesquelles ont été faits les essais.

Quand on veut, indépendamment de toute valeur absolue, comparer entre elles des surfaces sensibles, on recommande le procédé suivant qui a le grand avantage de pouvoir être pratiqué par tous les amateurs sans aucun appareil spécial :

On choisit une source de lumière artificielle constante, par exemple un bec de gaz bien réglé, ou une lampe à pétrole préparée avec soin et allumée depuis un temps assez long pour que son régime soit établi et suffisamment constant (1).

On place dans un des chassis négatifs de la chambre noire une couche type de sensibilité connue ; puis on dispose ce chassis à 1 mètre de la flamme, en l'appuyant contre un support fixe, de telle façon que les rayons lumineux frappent la surface bien normalement.

On découvre ensuite la couche sensible par fractions successives en tirant la coulisse du chassis en plusieurs fois, avec des temps d'arrêt égaux et assez longs pour qu'on puisse les mesurer avec une exactitude suffisante.

Ainsi, on peut, par exemple, découvrir la plaque par dixième avec un arrêt d'une seconde après chaque mouvement. La première bande découverte subit de cette façon l'action de la lumière pendant toute la durée de l'expérience,

---

(1) L'intensité lumineuse d'une lampe à pétrole augmente tant que la température du réservoir s'élève ; il est donc nécessaire d'attendre que celle-ci soit pratiquement constante.

c'est-à-dire pendant 10 secondes, la suivante est exposée une seconde de moins soit 9 secondes et ainsi de suite jusqu'à la dernière qui ne posé qu'une seconde.

Cette opération terminée, on développe la glace dans un bain de moyenne intensité, mais de composition bien connue. On a ainsi après fixage dix bandes d'intensité décroissante.

Nous savons que cette opacité n'est pas en rapport exact avec le temps de l'exposition ; mais telle qu'elle est, cette glace ainsi graduée peut servir de type pour déterminer approximativement la sensibilité d'une autre plaque.

Pour cette comparaison, on expose d'un seul coup la couche à essayer à 1 mètre de la même source lumineuse et avec les mêmes précautions, pendant 5 secondes, et on développe avec un bain neuf, ayant exactement la même composition que celui qui a servi au type et en opérant surtout à la même température pendant le même temps. On a ainsi sur toute la surface une teinte uniforme qui est comparée et assimilée après dessiccation à l'une des bandes de la glace type.

Si l'opacité est égale à celle de la bande qui a reçu l'impression pendant 5 secondes la couche essayée est aussi sensible que le type ; si cette opacité est comparable à celle de la 10e bande ayant été impressionnée pendant une seconde seulement, la sensibilité est 5 fois plus faible ; etc.

On recommande généralement, pour plus d'exactitude, de développer les deux glaces à comparer dans la même cuvette pour éliminer les causes d'erreur provenant de différences dans la composition du bain. Mais dans tous les cas il y en a une qu'on ne peut éviter :

En admettant que toutes les précautions soient prises pour identifier les deux opérations, le développement simultané des dix bandes diversement impressionnées de la glace type ne donne pas un résultat exact. Un phototype présentant dans son ensemble une grande variété d'intensités donne au développement des tons plus fondus et moins tranchés que le sujet lui-même. Cette propriété, très précieuse au point de vue de l'harmonie finale de l'épreuve, fausse les résultats dans l'essai de sensibilité.

M. le Dr Eder a, en effet, démontré, il y a une douzaine d'années, que le bain de développement s'affaiblissait rapidement et localement au-dessus des parties de la couche les plus fortement impressionnées ; il recommandait même de se servir de cet affaiblissement pour corriger de légers écarts de pose. Un bain peu abondant et non agité diminue les contrastes ; il est épuisé rapidement au contact de grands noirs et continue à agir sur les autres parties. Au contraire, un bain abondant continuellement agité augmente les contrastes.

Je conseille donc de modifier le développement de la glace-type :

Après l'exposition par fractions aussi égales que possible, de la façon décrite ci-dessus, d'après la plupart des auteurs, il faut couper la glace avec un diamant aux points de séparation des diverses bandes. On a ainsi 10 plaquettes qui sont développées *séparément* et pendant le même temps dans 10 fractions égales d'un même bain.

C'est à ces bandes coupées à l'avance qu'il faut comparer les glaces à essayer.

Quand on ne veut employer que le procédé ordinaire, il est toutefois indispensable de développer la glace dans un bain abondant continuellement agité.

23. Échelle de Warnerke. — M. Warnerke s'est servi du sensitomètre cité plus haut pour dresser une gamme de sensibilité des préparations en gélatino-bromure. Cette échelle est universellement adoptée dans l'industrie des glaces. Elle n'a, bien entendu, qu'une valeur relative. mais faute d'unité absolue, elle est suffisante en pratique.

Dans l'échelle de Warnerke, la plus grande rapidité est représentée par le numéro 25 et les plus lentes par des numéros inférieurs.

COEFFICIENTS DE POSE POUR LES DIVERS DEGRÉS DE L'ÉCHELLE DE WARNERKE (1)

Numéro du sensitomètre	Temps de pose relatif	Numéro du sensitomètre	Temps de pose relatif
25	**1**	17	10,0
24	1,3	16	13,3
23	1,8	15	17.8
22	2,4	14	23.7
21	3,2	13	31,6
20	4.2	12	42,2
19	5,6	11	56.2
18	7.5	10	75,0

La plupart des fabricants de glaces indiquent sur chaque émulsion le numéro du sensitomètre représentant leur sensibilité ; il faut, bien entendu, n'accepter cette désignation que sous toutes réserves, mais il est bon de savoir quelle est, très approximativement et pour fixer les idées la valeur des désignations commerciales en fait de rapidité de glaces :

La désignation *extra rapide* correspond au nº 25
" *rapide* " 20
" *lente* " 15 (2)

(1) G. DE CHAPEL D'ESPINASSOUX (ouv. cité).

(2) Le gélatino-bromure d'argent est à peu près seul employé par les amateurs, mais on peut noter les coefficients de pose pour quelques autres préparations :

Ces valeurs de sensibilité se rapportent au maximum d'éclairage ; plus la lumière est faible, moins la différence de sensibilité des préparations est appréciable ; ainsi pour des photographies demandant de très longues poses par suite du manque de lumière, il peut être indifférent de prendre des glaces rapides ou lentes ; les dernières seront donc préférées puisqu'elles donnent plus de finesse.

24. Influence du temps sur la sensibilité des couches sensibles. — La sensibilité des couches au gélatino-bromure est conservée pendant fort longtemps ; on cite des photographies faites sur des glaces préparées plusieurs années avant l'exposition et, d'autre part, des développements effectués des mois après la pose. Mais, pendant ce temps, qui peut être long, la valeur absolue de la sensibilité subit d'assez grandes variations.

L'accroissement de sensibilité obtenu pendant la fabrication par la *maturation* de la gélatine ne s'arrête pas à cette opération ; elle continue quelquefois à se produire après l'extension de l'émulsion sur le support.

Il y a donc au début de la fabrication une

Gélatino-bromure extra rapide. . . .	= 1
Collodion humide.	= 30 à 80
Gélatino-chlorure	= 50 à 200
Papier au gélatino-bromure	= 5 à 25

augmentation de sensibilité suivie d'une période de constance assez longue, puis commence une décroissance progressive.

Quelle est la limite de ces modifications? Il est bien difficile de la donner. Elle est essentiellement variable et dépend de la rapidité primitive de la préparation, de la saison pendant laquelle elle a été fabriquée et enfin des conditions de conservation.

On a d'ailleurs fait peu d'essais dans cette voie; cependant MM. Henry, qui doivent déterminer avec exactitude la sensibilité des préparations qu'ils emploient pour dresser la carte photographique du ciel, ont les premiers signalé ces variations.

M. Max Wolff d'Heidelberg a trouvé pour les plaques Lumière, une sensibilité trois fois plus forte après cinq mois de fabrication, puis ensuite une décroissance marquée.

MM. Bardet et Bouasse ont, chacun de leur côté, fait des constatations analogues; d'après ces expérimentateurs, il existe de notables différences, non seulement entre plusieurs glaces d'un même paquet, mais même pour une seule glace, entre diverses parties de sa surface.

Ces observations, de la plus haute importance au point de vue scientifique, doivent être connues des praticiens, mais il n'y a pas lieu d'y attacher pour les travaux courants une trop grande importance. Il suffit de recommander, de ne faire les essais de sensibilité que peu de temps avant l'emploi.

Le développement doit, autant que possible, suivre d'assez près l'impression à la lumière. Ici encore, il ne peut être donné de règle absolue. Il y a certainement atténuation avec le temps, mais elle n'est pas proportionnelle pour toutes les parties de la couche diversement impressionnées. Si cela était, il suffirait, connaissant le temps qui doit séparer l'exposition du développement, de forcer la durée de la pose dans un rapport donné. Il n'en est pas ainsi, le temps agit en diffusant l'action de la lumière dans l'épaisseur même de la couche et amène une diminution des contrastes.

Ceci touche directement à l'étude des actions photographiques; il paraît cependant évident qu'il s'agit d'un travail physique se transmettant des molécules impressionnées à celles qui n'ont reçu aucune impression. Cette hypothèse est d'autant plus admissible que l'on a remarqué que des phototypes fortement sous-exposés gagnaient en douceur quand on retardait un peu le développement pour donner aux demi-teintes le temps de s'impressionner postérieurement à toute action directe de la lumière (1).

(1) Nous n'avons étudié dans ce chapitre que les préparations ordinaires au gélatino-bromure d'argent;

III. FACTEURS ACTINIQUES

25. Différentes lumières actiniques. — Les coefficients de pose étudiés dans les chapitres précédents se rapportent au matériel et aux préparations employés par l'opérateur ; ils peuvent tous, coefficients physiques de l'objectif ou coefficients chimiques des surfaces sensibles, être déterminés à l'avance et inscrits pour les uns sur les diaphragmes et pour les autres sur les chassis contenant les glaces ou pellicules.

Nous allons avoir à considérer maintenant des coefficients essentiellement variables, que l'opérateur devra déterminer pour chaque cas particulier et pour le moment précis de l'exposition.

Dans cette catégorie, le principal coefficient est relatif à la source lumineuse éclairant le sujet à photographier.

Sauf de très rares exceptions, on n'a pas à reproduire une source lumineuse elle-même, mais des objets qui reçoivent plus ou moins directement des rayons émanant de celle-ci et qui les transmettent par réflexion à la couche sensible.

l'emploi des couches isochromatiques sera indiqué dans un chapitre spécial.

On doit donc étudier les diverses lumières et surtout leur mode d'action plus ou moins direct sur les sujets à reproduire.

Les sources lumineuses sont naturelles ou artificielles. Dans la première catégorie on considère avant tout le soleil, puis accessoirement, la lune, les étoiles et les éclairs. Dans la seconde, il y a lieu de mentionner des nombreuses sources d'éclairage généralement utilisées pour remplacer la lumière solaire et spécialement, au point de vue photographique, l'éclairage produit par la combustion du magnésium et des poudres spéciales employées pour les opérations dans les lieux obscurs.

A. LUMIÈRE SOLAIRE

26. Détermination de la puissance actinique de la lumière solaire. Photomètres; actinomètres. — Le soleil, dans son mouvement apparent autour de la terre envoie sur celle-ci des quantités de lumière variant à chaque instant comme valeur optique et comme valeur actinique. Les causes de cette variation sont multiples. Comment doit-on déterminer au moment de la pose la puissance actinique? Doit-on employer des instruments spéciaux; faire des calculs ou se contenter de la simple appréciation visuelle?

Au point de vue scientifique, il n'y a aucun doute ; tout le monde est d'accord pour reconnaître l'utilité d'une détermination aussi rigoureuse que possible de la puissance actinique de la lumière solaire. C'est ce qu'ont fait de nombreux physiciens parmi lesquels il faut citer spécialement : Ed. Becquerel, Bunsen, Roscoë, Niepce de St-Victor, Van Monckhoven, MM. Vidal, Eder, le capitaine Abney, Violle, Houdaille, etc., etc.

Nous verrons que leurs travaux ont servi de base aux calculs qui suivront, mais les procédés qu'ils ont employés ainsi que leurs appareils sont faits pour le laboratoire et ne peuvent en sortir.

Les *photomètres* ne peuvent guère servir en photographie ; il y a trop de différence entre la puissance optique dont ils donnent la valeur et la puissance actinique que le photographe a seule besoin de connaître.

Il résulte, en effet, des récents travaux de M. le capitaine Abney que si l'on représente par 100 les puissances optique et actinique du soleil à midi, le 21 juin en Angleterre, c'est-à-dire quand cet astre forme avec l'horizon un angle de 64° environ ; le même jour, vers six heures trente du soir, quand le soleil n'est plus qu'à 10° au-dessus de l'horizon, la valeur optique de la lumière est tombée de 100 à 36 et la valeur actinique est descendue de 100 à 7,5 [1]. Il n'y a donc pas égalité entre la puissance actinique et la puissance optique des rayons solaires. Dans le cas cité ci-dessus, une mesure photométrique parfaitement faite indiquerait un temps de pose beaucoup trop faible Les photomètres ne doivent donc pas être employés en photographie.

Les *actinomètres* sont, par définition plus directement utiles en photographie, aussi nous arrêteront-ils un peu plus longuement.

Les actinomètres sont tous basés sur la mesure des réactions chimiques produites par la lumière sur des substances sensibles.

Quand la réaction donne lieu à un dégagement gazeux, la mesure du volume de gaz dégagé donne la valeur de la puissance actinique.

Dans certains appareils, on mesure le courant électrique produit par la réaction chimique, soit au moment de l'action de la lumière, soit après.

La phosphorescence a été également utilisée comme moyen de mesure actinique par Warnerke avec un appareil analogue à son sensitomètre.

Les variations de résistance électrique du sélénium ont été mises à profit dans ce but par M. L. Vidal.

---

[1] Nous verrons plus loin que cette valeur actinique doit en pratique être légèrement modifiée.

Tous les instruments reposant sur ces principes et sur d'autres du même ordre, donnent des mesures précises pour des conditions d'expériences bien déterminées; mais ne sont utilisables que pour des recherches scientifiques de laboratoire.

Les appareils plus simples et plus portatifs, spécialement destinés aux opérations courantes de la photographie, sont presque toujours basés sur le changement de teinte que le chlorure d'argent subit sous l'influence de la lumière.

Le chlorure d'argent est alors exposé pendant un temps déterminé à l'action de la source lumineuse à mesurer; la teinte obtenue est comparée à une échelle type. Les appareils de ce genre sont extrêmement nombreux; les principaux sont ceux de MM. Vidal, Woodbury, Roscoë, Lamy, etc.

Dans d'autres actinomètres de la même catégorie, on doit au contraire prolonger l'expérience tant qu'on n'a pas atteint une teinte fixe; le temps variable de l'essai donne alors la mesure du coefficient actinique. Ce procédé est loin de valoir le précédent.

Tous ces appareils, minutieusement décrits dans les mémoires des auteurs qui les ont inventés, sont discutés dans l'ouvrage de M. Davanne [1].

---

[1] DAVANNE. — *La Photographie*, p. 141 et suivantes.

Tout récemment, la coloration du chlorure d'argent a encore été utilisée par M. Abel pour son actinomètre dit perpétuel parce que la coloration une fois obtenue et observée, on fait réagir dans l'obscurité le chlore sur le chlorure d'argent pour le ramener au blanc.

Malheureusement, si séduisants que soient tous ces actinomètres, ils ne donnent que des renseignements très incomplets et même, dans certains cas, absolument nuls.

Au point de vue théorique, les réactions mises en jeu sont peu comparables ; il n'y a pas proportionnalité entre l'action de la lumière agissant sur la substance sensible de l'actinomètre et l'action de la même lumière sur la couche impressionnable de la glace photographique. Chaque substance actinique est particulièrement sensible à telle ou telle partie du spectre. Il y a donc là une cause d'erreurs qui peut, pour certaines lumières, être relativement considérable.

Mais, en pratique, on rencontre encore des obstacles beaucoup plus graves.

Les rayons lumineux dont on doit connaître la valeur actinique ne sont pas ceux qui tombent sur l'appareil photographique, mais bien ceux qui sont réfléchis par le sujet ; c'est donc près de celui-ci et non près de la chambre noire que l'actinomètre doit être employé ; or, dans la plupart des cas de photographie à l'extérieur, cette condition est irréalisable. En outre, si courte que soit l'opération, quand on la fait, soit par des temps nuageux, soit à la fin du jour, quand la puissance actinique qu'on veut mesurer est très rapidement variable, il est presque certain que la valeur donnée par l'appareil ne sera plus la même au moment de la pose.

L'appréciation visuelle de la lumière est absolument défectueuse. L'œil est un très mauvais instrument de mesure absolue ; d'ailleurs, dans le cas qui nous occupe, il ne pourrait donner directement qu'une appréciation photométrique et nullement actinométrique. De plus, si nous pouvons comparer plus ou moins bien deux intensités lumineuses observées à de très courts intervalles, il est de toute impossibilité que nous puissions effectuer la même comparaison après un certain temps. C'est ainsi que pour l'œil, le plein soleil de décembre vaut, à très peu de chose près, le plein soleil de juin dont nous avons à ce moment oublié l'éclat et cependant ces deux lumières sont approximativement dans le rapport de 1 à 4.

Le merveilleux appareil optique humain se laisse trop facilement influencer par les contrastes. Quand on vient du dehors vivement éclairé par le soleil, on s'étonne en entrant dans une pièce qui paraît alors absolument noire, d'y voir des personnes lire et écrire. De même, en chemin de fer, quand on passe en plein jour sous un tunnel, la lampe paraît être une simple veilleuse et cependant, pendant la nuit, cette faible lumière est suffisante pour lire.

Il ne faut pas, d'ailleurs, oublier que l'iris se dilate dans l'obscurité et joue pour l'œil l'office du diaphragme de l'objectif : quand l'intensité de la lumière diminue, ce diaphragme en admet automatiquement une plus grande quantité.

M. Janssen dit à ce propos, dans une très intéressante notice sur la photométrie photographique (1) : « Remarquons, en passant, com-
« bien ce résultat des mesures photométriques
« est intéressant, puisqu'il nous révèle l'élasticité
« vraiment admirable de notre organe visuel.

« Quand une région terrestre est éclairée par
« la pleine lune, elle ne reçoit qu'une quantité
« de lumière deux à trois cent mille fois plus
« faible que celle qui correspond au plein jour.
« Il semblerait qu'une si prodigieuse diminution
« d'éclairement des objets doit amener une nuit
« complète. Et cependant notre organe prend
« alors une telle sensibilité que non seulement
« nous pouvons nous conduire, distinguer les
« objets, en percevoir les détails, mais encore
« jouir du paysage et quelquefois même, dans
« les belles régions tropicales et par des nuits

(1) *Annuaire du Bureau des Longitudes*, 1895, p. 8.

« sereines, avoir presque l'illusion du jour lui-« même ».

On comprend maintenant pourquoi il ne faut employer que sous toutes réserves des photomètres mesurant directement l'éclairage sur le verre dépoli, après la mise au point, c'est-à dire quelques instants avant l'impression. Le but, très séduisant de ces appareils dont le type est le photomètre Decoudun, est de donner directement le temps de pose, en se basant sur le plus ou moins de facilité qu'on a à voir les parties éclairées de l'image sur le verre dépoli, en interposant entre celui-ci et l'œil des écrans plus ou moins opaques. On comprend, en effet, que plus la lumière reçue sur le verre dépoli est vive, plus on peut interposer de feuilles de papier calque par exemple, sans arriver à éteindre complètement cette lumière. On a donc ainsi un moyen de mesure qui paraît assez simple, puisqu'on n'apprécie pas seulement ainsi la puissance de la source lumineuse éclairant le sujet, mais bien la lumière au lieu d'action, après qu'elle a subi toutes les modifications capables d'en faire varier la puissance : l'appareil donne ou plutôt doit donner dans ces conditions le produit complet des divers facteurs de l'objectif, du diaphragme et du sujet; c'est-à-dire tous les facteurs déjà étudiés, plus le dernier qui reste à examiner dans les chapitres suivants.

Malheureusement, à tous les inconvénients déjà signalés, propres d'une part aux photomètres, et, d'autre part à la difficulté, et on peut même dire à l'impossibilité où est l'œil de faire une appréciation de ce genre, il faut encore remarquer que, pour être exacte, l'indication donnée par l'instrument devrait se rapporter à la moyenne d'éclairage de toute l'image; il faudrait promener le photomètre sur tous les points différemment éclairés de la glace dépolie. Ces points étant d'ailleurs choisis au jugé. Les indications forcément fausses données par ces instruments ne dispensent pas l'opérateur d'une sorte d'appréciation secondaire.

Les actinomètres et à plus forte raison les photomètres ne peuvent donc donner que des indications tout à fait insuffisantes. Il faut absolument calculer les variations de la puissance actinique de la source de lumière employée et réduire au minimum les incertitudes d'appréciation.

27. Variation de la puissance actinique du soleil. — La puissance actinique du soleil est essentiellement variable et dépend de la position de cet astre par rapport à la terre : plus les rayons sont obliques sur l'horizon, plus la lumière est faible; elle varie donc avec la latitude du lieu, l'époque de l'année et l'heure. A ces variations, obéissant à des lois mathématiques, viennent s'ajouter celles qui dépendent de la plus ou moins grande transparence de l'atmosphère ; celle-ci a une valeur très variable suivant la position géographique et l'altitude du lieu et enfin suivant les phénomènes météorologiques.

Examinons d'abord les modifications normales de cette lumière.

Nous avons vu précédemment (§ 26) que de nombreux physiciens se sont occupés de la détermination de la puissance actinique du soleil. C'est ainsi, que MM Roscoë et Bunsen ont dressé un tableau complet de la puissance photogénique de la lumière pour toutes les inclinaisons du soleil au-dessus de l'horizon.

Mais, cette valeur, si difficile à déterminer, varie avec les substances chimiques impressionnables qui ne sont pas également sensibles aux mêmes parties du spectre (1).

Cette étude analytique minutieuse de la lumière, est appelée à rendre les plus grands services à la photographie, surtout pour l'emploi des procédés de reproduction des couleurs par la méthode interférentielle due aux remarquables travaux de M. Lippmann.

---

(1) Voir à ce sujet le très complet tableau graphique publié d'après les travaux de Roscoë, Bunsen, Vogel et Abney. *Proceedings of the Royal society*, 1882.

Mais, dans l'état actuel de la science, et pour le but pratique que nous poursuivons, il faut nous contenter de coefficients relatifs, abstraction faite de toute valeur absolue.

Parmi les travaux entrepris dans cette voie en ces dernières années et spécialement pour les préparations sensibles actuelles, il faut citer ceux de M. le capitaine Abney qui a cherché principalement, comme nous l'avons déjà vu à déterminer la différence qui existe entre la valeur actinique et la valeur optique de la lumière solaire.

Cet auteur a trouvé qu'en Angleterre, au bord de la mer, la puissance optique du soleil est de :

5 600	bougies,	quand le soleil est à	64°	au-dessus de l'horizon.
4 700	//	//	30°	//
3 300	//	//	20°	//
2 000	//	//	10°	//
1 400	//	//	8°30′	//
140	//	au moment du coucher du soleil.		

Dans les mêmes conditions d'expériences, la puissance actinique est de :

120 000	bougies,	quand le soleil est à	64°	au-dessus de l'horizon.
72 000	//	//	30°	//
42 000	//	//	20°	//
9 000	//	//	10°	//
5 600	//	//	8°30′	//
1,7	//	au moment du coucher du soleil.		

Si on prend pour unité, d'une part, la valeur

optique, et d'autre part, la valeur actinique de la lumière, quand le soleil est à 64° on a pour les diverses inclinaisons les valeurs relatives suivantes :

Inclinaisons du soleil	Valeur optique	Valeur actinique
Soleil à 64°	1	1
// à 30°	0,840	0,600
// à 20°	0,590	0,350
// à 10°	0,357	0,075
// à 8°30′ . . .	0,250	0,056
// au coucher . .	0,025	0,0000142

Le coefficient d'actinisme ou le temps de pose relatif devrait donc être, d'après ces données, de :

1	pour le soleil	à 64°
1,67	//	30°
2,85	//	20°
13,30	//	10°
21,50	//	8°30
70500,00	//	au coucher.

Ces nombres représentent la valeur des rayons directs du soleil tombant sur l'appareil de mesure (1).

Dans la plupart des cas de photographie en plein air, l'éclairage est très complexe. Il faut tenir compte des rayons directs et de la lumière

(1) Ces nombres seraient donc directement applicables quand on fait une reproduction d'un objet plan placé en plein soleil.

réfléchie. Un corps quelconque éclairé par le soleil ne reçoit pas exclusivement les rayons directs émanant de cette source, mais aussi les rayons réfléchis non seulement par les corps environnants, mais surtout par le ciel.

Quand on veut faire la part de chacun de ces facteurs d'éclairage, on se trouve en présence de valeurs non proportionnelles. Si on considère le rapport qui existe entre la puissance actinique de la lumière directe du soleil et de la lumière réfléchie, on trouve que ce rapport est loin d'être constant et varie avec chaque valeur de la puissance propre des rayons directs.

Quand le soleil a son maximum d'éclat, la différence entre sa puissance actinique directe et celle des rayons réfléchis par le ciel est très grande. Au contraire, quand le soleil s'incline sur l'horizon, sa lumière, en traversant obliquement l'atmosphère terrestre chargée de matières solides en suspension, contient une plus forte proportion de rayons jaunes et rouges peu actifs sur les préparations courantes au gélatino-bromure. A ce moment, la lumière réfléchie par le ciel est, au contraire, beaucoup plus riche en rayons bleus et violets très actiniques.

On doit donc, dans la plupart des cas, tenir compte simultanément de la lumière directe et de la lumière réfléchie en faisant varier continuellement la valeur relative des deux.

Les coefficients donnés plus haut, d'après les expériences de M. Abney, doivent être un peu modifiés surtout pour les faibles hauteurs du soleil au-dessus de l'horizon, en donnant une plus grande importance relative à l'action de rayons réfléchis par le ciel. La puissance totale est alors plus forte. En effet, si on appliquait strictement ces nombres, on ne pourrait plus utilement faire de photographie au-delà de certaines heures que l'on dépasse cependant souvent en pratique.

Pour mon propre compte, je me suis fréquemment trouvé obligé, par suite de conditions spéciales de voyage, de faire des photographies une heure seulement avant le coucher du soleil ; les coefficients que j'ai adoptés ont été déterminés pratiquement et sont un peu plus faibles que ceux de M. Abney.

Nous devons donc considérer dans l'étude de l'éclairage solaire deux cas principaux : 1° *la lumière du plein soleil*, somme des rayons directs et des rayons réfléchis et 2° *la lumière diffuse*, ne comprenant que les rayons réfléchis et diffusés.

Dans la méthode de M. Clément pour le calcul du temps de pose (1), on emploie le coefficient

(1) R. Clément. — *Méthode pratique pour déterminer exactement le temps de pose en photographie.* 3e édition, Paris, Gauthiers-Villars et fils, 1889.

d'éclairage se rapportant à l'état général de la lumière solaire, abstraction faite de la position du sujet par rapport aux rayons directs. On se sert donc du coefficient du plein soleil toutes les fois que celui-ci brille dans le ciel, que le sujet soit en pleine lumière ou à l'ombre ; on fait alors usage d'un coefficient spécial pour chaque sujet, suivant sa position.

Cette méthode, peut-être plus logique au point de vue de la valeur de l'éclairage, donne lieu en pratique à trop de cas particuliers.

Je préfère n'employer le coefficient du plein soleil que pour les sujets qui en reçoivent les rayons directs, et celui de la lumière diffuse pour ceux qui ne sont éclairés que par des rayons réfléchis naturellement, ou tamisés en partie par des nuages faibles, même quand le soleil brille d'une façon générale. Il en est de même pour les sujets placés entièrement à l'ombre, à la condition toutefois que les surfaces réfléchissantes du ciel et des corps environnants soient suffisantes.

Les temps de pose relatifs donnés plus loin sont donc calculés pour satisfaire à cette interprétation.

28. Plein soleil. — Si nous prenons les coefficients de pose déduits des expériences de M. Abney, pour les inclinaisons du soleil comprises entre 65 et 20°, nous trouvons que ces nombres sont très voisins du quotient du sinus de l'angle de 65° par le sinus de l'angle considéré.

On a en effet :

Angle	65°	30°	20°
Sinus	0,906	0,500	0,342
$\frac{\text{Sin } 65°}{\text{Sin } \alpha} =$	1	1,81	2,65
Coefficients déduits des expériences de M. Abney	1	1,65	2,8.

Je déduis de là la loi approchée suivante, très suffisante en pratique.

Le coefficient horaire H *étant* = 1 *quand le soleil est à son maximum de hauteur en France, soit à environ* 65° *au-dessus de l'horizon; le coefficient* H, *pour une inclinaison quelconque* α, *supérieure à* 20° *est donné par la formule :*

$$H = \frac{\sin 65°}{\sin \alpha}.$$

On a donc ainsi un moyen simple de déterminer, en un lieu quelconque et à chaque instant, la valeur du coefficient horaire, puisqu'il suffit de mesurer directement la hauteur angulaire du soleil ou, plus simplement, la longueur d'ombre d'une verticale de hauteur connue et d'en déduire, par un calcul trigonométrique élémentaire, la valeur cherchée.

La table IX dispense d'ailleurs de tout calcul.

Si maintenant nous cherchons jusqu'à quelles limites le soleil est au-dessus de 20°, on trouve que la loi ci-dessus est applicable en France pendant les périodes suivantes, comprenant une grande partie du temps pendant lequel un amateur est couramment appelé à opérer.

En juin de	6^h	du matin à	6^h	du soir
En mai et juillet de. . .	6^h30	//	5^h30	//
En avril et août de . . .	7^h	//	5^h	//
En mars et septembre de.	8^h	//	4^h	//
En février et octobre de .	9^h	//	3^h	//
En janvier et novembre de	11^h	//	1^h	//
En décembre		à midi		

Au-delà de ces limites, c'est-à-dire de l'inclinaison de 20°, j'ai admis les coefficients suivants :

Inclinaison du soleil sur l'horizon :	20°	15°	10°	8°	6°
Coefficients :	2,65	3,9	8	13	20

29. Lumière diffuse. — La définition de la lumière diffuse n'est pour ainsi dire pas à faire, le nom seul indique assez clairement qu'il s'agit de l'éclairement général produit par les rayons n'émanant pas directement de la source et en particulier du soleil. C'est-à-dire de tous les rayons qui se trouvent diffusés dans l'atmosphère à la suite d'une succession plus ou moins complexe de réflexions.

Au point de vue photographique, il faut aussi

comprendre sous cette désignation l'éclairage produit par les rayons solaires tamisés par des nuages blancs ou très peu colorés.

Il n'est pour le moment question que de la belle lumière diffuse, abstraction faite des causes accessoires d'affaiblissement qui seront examinées un peu plus loin (§ **30**).

Il ne faut pas confondre les réflexions naturelles constituant la lumière diffuse avec celles qu'on obtient avec de larges surfaces claires, accidentellement ou intentionnellement placées à proximité du sujet; nous aurons à parler de celles-ci plus loin.

A chaque intensité actinique des rayons directs du soleil correspond naturellement une intensité déterminée de rayons réfléchis ou tamisés par le ciel. On doit donc, avant tout, fixer ce rapport pour toutes les positions de cet astre au-dessus de l'horizon.

Si on part des mesures actinométriques absolues et, si on compare la puissance des rayons solaires directs et celle des rayons diffusés, en disposant les essais de telle façon que les deux actions soient bien distinctes, on trouve entre les deux valeurs une assez forte différence.

C'est ainsi que M. Houdaille a trouvé que la valeur de la lumière directe du soleil étant égale à 40 000 lampes-mètre-seconde, la valeur de la belle lumière diffuse n'est que de 6 000 l.-m.-s.

c'est-à-dire que le coefficient d'éclairage étant 1 pour le plein soleil, celui de la belle lumière diffuse n'est que 6,7.

La plupart des auteurs admettent pour la valeur relative de ces deux éclairages des nombres variables, mais cependant moins différents que ceux-ci.

M. Dorval admet que la lumière diffuse est d'une façon constante deux fois moins actinique que la lumière directe. Nous savons que ce rapport constant n'existe pas. M. G. de Chapel d'Espinassoux tient compte de la diminution progressive de l'écart entre les deux valeurs et admet comme limite le rapport de 1 à 4 pour les deux coefficients, quand le soleil a son maximum d'éclat.

Ces divergences de vues peuvent étonner et on serait tenté de se baser sur les expériences précises analogues à celles de MM. Abney et Houdaille.

Mais, on ne doit pas, dans ce cas, perdre de vue que le but du calcul du temps de pose est de donner une valeur aussi constante que possible à tous les phototypes obtenus, en corrigeant au besoin les effets d'un mauvais éclairage. Si la lumière est faible, on doit chercher à obtenir une épreuve ayant autant de brillant que si l'éclairage était très vif.

Quand le soleil éclaire de tout son éclat un sujet donné, les ombres sont intenses et offrent un contraste souvent trop violent avec les parties très éclairées. Au contraire, si la lumière est indirecte ou seulement bien diffusée, les oppositions d'ombres et de lumières sont très atténuées et d'autant plus faibles que l'éclairage est lui-même moins énergique.

Or, si dans les deux cas on donnait à la pose la valeur juste indiquée par l'expérience actinométrique absolue, on aurait deux mauvais phototypes : le premier serait heurté et le second manquerait totalement de brillant, il serait plat et froid.

On doit donc, pour donner à chacun sa valeur juste, augmenter un peu le temps de pose au soleil et le diminuer à la lumière diffuse par rapport aux coefficients absolus. Dans le premier cas, le petit excès de pose amène un commencement de solarisation ; c'est-à-dire que les noirs du phototype gagnent de la transparence, grâce au phénomène bien connu de retournement de l'action de la lumière [1], auquel on doit souvent le manque de vigueur des ciels très éclairés.

---

[1] On sait que, au-delà d'une certaine limite, il y a un véritable retournement de la valeur de l'épreuve qui de négative devient positive. M. Janssen qui a étudié depuis longtemps ce phénomène, dit même, qu'en posant un million de fois le temps normal, on reviendrait à une valeur juste des oppositions.

Dans le second cas, au contraire, on doit chercher à exagérer les contrastes. En diminuant la pose, les parties les plus éclairées prendront au développement une intensité relative plus grande.

Les deux coefficients du plein soleil et de la lumière diffuse doivent donc être pratiquement assez voisins. Nous avons adopté les nombres 1 et 3.

Cette différence entre les deux coefficients n'est pas constante; elle diminue lorsque la valeur actinique directe du soleil s'affaiblit. La décroissance est bien difficile à déterminer exactement, il faut se contenter d'une approximation et on n'est pas loin de la vérité en admettant les nombres suivants pour les valeurs des deux coefficients pratiques.

Le coefficient du plein soleil étant :	**1**	Le coefficient de la lumière diffuse est :	**3**
//	2	//	4
//	3	//	4,9
//	4	//	5,8
//	5	//	6,7
//	8	//	9,5
//	10	//	11,3
//	12	//	13
//	**15**	//	**15**

30. Nébulosité; coefficient atmosphérique. — Les coefficients déterminés dans les paragraphes précédents (§§ **28** et **29**) sont applicables uand le ciel est parfaitement pur et l'atmosphère d'une bonne transparence moyenne. Ces conditions sont fréquemment modifiées, soit d'une façon normale, soit par suite de phénomènes météorologiques.

Les modifications normales dépendent de la position géographique et de l'altitude du lieu. On sait que dans certaines régions particulièrement à l'abri des poussières, soit par suite de la nature du sol, soit à cause d'un état hygrométrique de l'air, l'atmosphère est d'une transparence exceptionnelle. Dans les régions élevées, cette transparence augmente avec l'altitude. Il n'est pas possible de donner des chiffres calculés avec exactitude. Pour les causes locales de transparence, il faut apprécier la diminution du temps de pose qui doit en résulter et qui ne peut jamais dépasser 25 % du temps normal.

Quant à l'influence de l'altitude, on n'a pas non plus de données bien précises pour la calculer. MM. G. de Chapel d'Espinassoux et Abney sont d'accord pour dire que la lumière du soleil est environ deux fois plus actinique à partir de 2 500 mètres de hauteur.

Les conditions météorologiques modifient très rapidement l'état de l'atmosphère et du ciel ; on est donc conduit à faire varier souvent le coefficient d'éclairage.

Les actinomètres et les photomètres sont quelquefois préconisés pour déterminer cette transparence atmosphérique ou cette nébulosité. Mais en admettant que l'indication donnée soit juste, il y a beaucoup de chances pour que le coefficient ait changé entre l'expérience et la pose. Dans certaines saisons, la nébulosité varie du simple au triple en quelques minutes.

Le photographe doit donc s'exercer à apprécier cette valeur.

On peut s'étonner de voir préconiser ici l'appréciation visuelle. Lorsque nous avons étudié la valeur de la lumière solaire, nous avons en effet montré que l'œil est incapable de mesurer même très grossièrement la puissance actinique à diverses époques éloignées. Mais dans le cas présent, il ne s'agit que d'une graduation relative de faible amplitude, pour le seul moment de l'opération. Il est toujours aisé de voir si le ciel est plus ou moins pur et de déterminer la valeur relative approchée de cette transparence, indépendamment de la puissance normale de l'éclairage dont le calcul (§§ **28** et **29**) donne la valeur exacte pour l'instant déterminé.

Le coefficient atmosphérique modifie donc seulement le coefficient horaire.

Il est d'ailleurs évident que les remarques faites, relativement au manque d'opposition entre les ombres et les grandes lumières, pour les sujets éclairés par la lumière diffuse s'appliquent encore dans le cas présent.

Plus la lumière est mauvaise plus elle est diffusée d'une façon générale et uniforme et plus les contrastes sont faibles. Donc, plus la lumière normale du moment est affaiblie par défaut de transparence de l'atmosphère, plus le coefficient de nébulosité doit être relativement faible.

Lorsqu'il existe un grand nombre de nuages blancs occupant une surface assez large de la voûte céleste, la lumière totale, soit directe, soit diffusée a une très forte puissance actinique. Ces nuages, extrêmement photogéniques, ont un pouvoir réfléchissant considérable. Le temps de pose doit alors être diminué d'une façon graduelle suivant l'importance de ces réflexions; il peut ainsi être réduit de 25 %.

Quand ces nuages blancs existent après la pluie avec un peu de vent, l'atmosphère a une transparence tout à fait exceptionnelle. On obtient, dans ces conditions d'éclairage, les plus beaux paysages avec lointains. Le coefficient doit, dans ce cas, être encore diminué.

Naturellement, les nuages foncés augmentent, au contraire, le coefficient atmosphérique ; ils interceptent plus ou moins les rayons solaires et sont très peu réfléchissants. Il est donc nécessaire, quand le ciel est chargé, d'augmenter la pose dans un rapport variable pouvant atteindre quatre ou cinq fois sa valeur normale.

La pluie n'a pas par elle-même, au moment de sa chute, d'influence bien marquée ; ce sont les nuages qui la produisent qu'il faut seuls considérer ; l'humidité augmente un peu la transparence de l'air, soit en faisant tomber les corpuscules solides en suspension, soit en les rendant plus transparents par imbibition [1].

Le brouillard est, comme on sait, formé par de la vapeur d'eau s'élevant du sol humide dans des conditions météorologiques spéciales. La définition des brumes est bien analogue et on emploie fréquemment ces deux mots indistinctement ; cependant, il y a lieu pour nous de réserver celui-ci à cet état particulier de l'atmosphère que l'on observe par les grandes chaleurs, le matin. A ce moment, il existe à la surface du sol un voile faiblement humide, assez peu transparent et souvent noirâtre ou rougeâtre, grâce aux matières solides en suspension.

Qu'il s'agisse de brouillard ou de brume, le photographe se trouve en présence d'un voile plus ou moins opaque ; tout est brouillé, la mise au point même est rendue difficile et il ne peut être question de reproduire des sujets un peu éloignés.

Il est évident qu'il est préférable de s'abstenir

---

(1) Ce phénomène est analogue à l'augmentation de la transparence d'un papier mouillé.

dans de pareilles conditions, mais la nécessité d'obtenir un document peut cependant quelquefois forcer à opérer en prenant le sujet tel qu'il est.

Il faudra alors chercher à augmenter les faibles contrastes du modèle en doublant seulement au maximum le temps de pose normal. On aura ainsi un phototype suffisant si on regarde comme bien faite une photographie rappelant l'état du sujet au moment de la pose.

Le coefficient atmosphérique ou de nébulosité, qu'il soit plus petit ou plus grand que l'unité, est forcément très vague et ne peut être apprécié sans une certaine habitude.

Cependant, pour fixer les idées, je donne aux COEFFICIENTS ATMOSPHÉRIQUES, les valeurs suivantes :

Ciel bleu pur	**1**
// après la pluie	0,9
Nuages blancs, sur ciel bleu	0,8
// après la pluie	0,7
Nuages gris faibles ou léger brouillard	1,5
Ciel sombre, brouillard et brume colorée	2.0
Ciel très sombre	4,0

B. SOURCES LUMINEUSES NATURELLES SECONDAIRES

31. Clair de Lune. — Les astres autres que le soleil, émettent ou réfléchissent une quantité de lumière qui est suffisante pour impressionner les couches sensibles. Mais ces sources lumineuses directes ou indirectes sont généralement trop faibles pour éclairer des sujets terrestres.

La lune seule, grâce à sa proximité de la terre et à sa large surface relative qui en résulte, peut être utilisée dans ce cas. Cependant, la puissance actinique de cet éclairage est bien loin de sa valeur apparente, telle que la perçoit nos yeux. On a vu précédemment (§ **26**) que M. Janssen, dans une remarque au sujet de cette différence, admet que le pouvoir photogénique de la lumière de la pleine lune est de deux à trois cent mille fois moins actif que celui du soleil.

M. le capitaine Abney, dans le travail déjà cité, attribue à cette valeur $\frac{1}{400000}$ de celle du soleil de juin.

Ces nombres sont donc aussi voisins que possible, étant données les difficultés et les incertitudes d'une pareille détermination.

La photographie des paysages ou d'autres sujets parfaitement immobiles est donc possible au clair de lune ; mais on ne doit pas espérer avoir un résultat parfait, car la pose nécessaire est tellement longue que les ombres ont le temps de se déplacer d'une quantité très appréciable. Si, pour éviter cet inconvénient, on diminue la durée de l'exposition, l'épreuve déjà trop riche en contrastes naturels devient tout à fait heurtée (1).

32. Photographie directe des astres. — La reproduction photographique directe des astres est devenue une des opérations courantes de l'astronomie et s'applique même à des étoiles invisibles avec les instruments ordinaires.

M. Janssen a poussé fort loin l'étude photométrique comparative des astres. On a tiré des recherches des astronomes des données tellement précises qu'on peut classer les étoiles d'après le temps nécessaire pour en obtenir une image photographique.

MM. Henry, dans leur magnifique travail de la Carte du ciel sont arrivés dans cette voie à une précision vraiment remarquable ; c'est ainsi que, pour des données fixes déterminées, ils

---

(1) Il est utile de faire observer que la plupart, pour ne pas dire toutes les photographies d'effets de lune que l'on voit, sont obtenues grâce à un artifice très connu et souvent décrit. On fait un phototype en plein soleil en posant beaucoup trop peu ; on développe et on renforce à outrance. Les parties éclairées du sujet sont seules vigoureuses, il n'y a pas de demi-teintes et rien n'est visible dans les ombres.

On complète même quelquefois l'illusion en peignant au pinceau, notre satellite dans le ciel du phototype. La position de ce faux point lumineux est d'ailleurs généralement mauvaise et en désaccord complet avec les ombres. Pour qu'il en soit autrement, il eût fallu opérer avec le soleil dans l'objectif.

donnent, pour les diverses grandeurs d'étoiles les temps de pose suivants :

1re grandeur. .	0s,005	9e grandeur . .	8s
2e // . .	0,01	10e // . .	20s
3e // . .	0,03	11e // . .	50s
4e // . .	0,1	12e // . .	120s
5e // . .	0,2	13e // . .	5m
6e // . .	0,5	14e // . .	13m
7e // . .	1,3	15e // . .	33m
8e // . .	3	16e // . .	1h20m

Nous sommes loin certainement de la pratique ordinaire des photographes ; mais ces considérations montrent si nettement la valeur d'une détermination exacte du temps de pose que nous ne pouvions les passer sous silence.

33. Lumière des éclairs. — La lumière émise par les éclairs est excessivement riche en rayons bleus violets et ultra-violets ; elle est donc très photogénique, mais comme son action a une durée essentiellement courte, cette lumière est tout à fait insuffisante pour donner par réflexion des images complètes de paysages (il ne peut évidemment être question d'utiliser cet éclairage pour d'autres sujets).

Cependant, on obtient des vues en silhouette assez intéressantes en choisissant une de ces nuits pendant lesquelles on observe une succession d'éclairs, brillant à de courts intervalles. On dispose un appareil en le braquant sur un paysage que l'on a choisi de telle façon qu'il soit éclairé obliquement par les éclairs ; c'est-à-dire que comme pour les vues au soleil, il faut éviter de recevoir directement dans l'objectif l'action de la source lumineuse.

La mise au point est déterminée par le calcul, puisque la lumière manque, on emploie un diaphragme aussi grand que possible et on laisse l'appareil en place, l'objectif étant ouvert et la glace démasquée, jusqu'à ce que le paysage ait été illuminé par deux ou trois beaux éclairs.

Il est de toute évidence que la pose est très incertaine et toujours beaucoup trop faible, mais comme il ne s'agit en somme que d'avoir des contrastes, on aura après un développement énergique une épreuve acceptable, étant donné le but cherché.

Lorsqu'il s'agit de reproduire, non plus des sujets éclairés par les éclairs, mais directement ceux-ci, le problème est encore plus simple, puisqu'il suffit d'avoir des images blanches tranchées sur fond noir.

On dispose un appareil mis au point sur l'infini, en le dirigeant vers la portion du ciel où se produisent le plus d'éclairs, on laisse la glace démasquée derrière l'objectif ouvert, comme précédemment, mais on arrête la pose après la première impression si on ne veut pas avoir plusieurs tracés superposés.

C. SOURCES LUMINEUSES ARTIFICIELLES

34. Diverses sources lumineuses artificielles. — Les sources lumineuses artificielles, bien qu'ayant des usages restreints et spéciaux en photographie, ont pris, dans ces dernières années, un assez grand développement et permettent d'aborder des travaux qu'il serait impossible d'exécuter sans leur secours.

Pour bien des travaux à poste fixe on arrivera même peut-être à préférer d'une façon normale ce mode d'éclairage. Les grands ateliers artistiques de portraits sont d'ailleurs maintenant installés pour travailler à la lumière électrique.

Il suffit de se reporter à ce qui a été dit précédemment sur les variations de l'intensité de la lumière solaire, pour comprendre tout l'intérêt qu'il y a, quand on opère dans un atelier, à supprimer d'un seul coup, l'influence de la saison, de l'heure et des conditions météorologiques. Une fois que la source artificielle est réglée, on peut opérer à coup sûr et faire varier à volonté les effets lumineux en vue de tel ou tel résultat artistique ([1]).

([1]) C'est pour la même raison que tous les travaux de tirages de photocopies sur couches à développement, soit par contact, soit par agrandissement

Les sources lumineuses naturelles que nous avons étudiées précédemment sont toujours situées à l'infini ; au contraire, toutes les lumières artificielles agissent à une distance assez rapprochée. Il y a donc lieu de faire intervenir ici dans le calcul un élément nouveau relatif, à cette distance.

Les sources artificielles agissent, soit d'une façon continue comme la lumière solaire, soit d'une façon discontinue comme les éclairs.

On peut ranger dans la première catégorie toutes les sources ordinaires d'éclairage et dans la seconde, les lumières spéciales à combustion rapide telles que les photo-poudres.

35. Sources lumineuses artificielles continues. — Les sources lumineuses artificielles ont une valeur photométrique très incertaine, à plus forte raison en est-il de même de leur puissance actinique. Les nombres donnés par les différents auteurs divergent, à cause des difficultés et des incertitudes que présentent les essais effectués pour ces déterminations : les unités sont mal définies et surtout très peu

---

donnent des résultats beaucoup plus constants avec les lumières artificielles qu'avec celle du soleil.

Le coefficient d'opacité d'un phototype étant connu une fois pour toutes, on n'a qu'à faire intervenir, pour le tirage d'un nombre quelconque de photocopies, la puissance graphique de la source et sa distance, pour calculer le temps d'exposition.

comparables aux diverses sources essayées ; celles-ci, lumières industrielles plus ou moins précises, sont excessivement variables pour une même désignation et enfin un même appareil peut donner des résultats très différents suivant le mode d'emploi.

Il est donc indispensable, chaque fois qu'on doit faire usage d'une source de lumière artificielle, de faire un essai précis en se plaçant dans des conditions aussi voisines que possible de celles dans lesquelles on se trouvera en pratique.

On ne trouvera donc pas ici de coefficient précis mais uniquement quelques données très approximatives ; on devra se reporter aux travaux photométriques et actinométriques de Bunsen, Roscoë, Vogel, Eder, Abney, et à ceux plus récents de MM. Houdaille (1) et Buguet (2). Fourtier, dans son très intéressant ouvrage sur les lumières artificielles (3) a parfaitement posé toutes les questions spéciales que comporte le problème. On pourra, en appliquant les principes et les données numériques qu'il donne, chercher à

---

(1) *Bulletin de la Société française de photographie.* Avril 1894.

(2) Buguet. — *Conférences sur la photographie théorique et technique faites au Conservatoire des Arts et Métiers en* 1892-93. Paris, Gauthier-Villars et fils, 1893.

(3) H. Fourtier. — *Les lumières artificielles en photographie.* Paris, Gauthier-Villars et fils, 1895.

résoudre tel problème bien précis d'éclairage et en tirer des résultats pratiques.

Le très court tableau suivant n'est donc donné que comme première indication vague de la valeur actinique de quelques sources artificielles employées en photographie. Le coefficient de pose pour chacune a la même base que les coefficients horaires déjà étudiés, c'est-à-dire la puissance de la lumière du soleil le 21 juin à midi.

COEFFICIENTS ACTINIQUES APPROCHÉS DE QUELQUES SOURCES LUMINEUSES ARTIFICIELLES AGISSANT À 1 MÈTRE DE DISTANCE

(Le coefficient du plein soleil, le 21 juin à midi est pris comme unité).

Source	Coefficient
Bougie ordinaire de l'Étoile	20 000
Lampe à pétrole bec rond, brûlant de 30 à 40 grammes à l'heure	2 000
Bec de gaz papillon, brûlant 180 litres à l'heure	1 000
Bec rond à trous	500
Lampe électrique à incandescence de 10 bougies.	1 800
// // 16 // .	1 200
// à arc de 2 ampères (1). . .	250
// // 4 // . . .	120
// // 6 // . . .	50
// // 10 // . . .	20
Lumière oxhydrique ordinaire	50
Ruban plat de magnésium, pesant 1 gramme par mètre et brûlant à raison de 0m,01 par seconde.	15

(1) La puissance d'une lampe à arc est exprimée en *ampères*; la force électromotrice étant sensiblement

Il faut remarquer, que pour tous ces foyers artificiels et, en particulier, pour les lampes à arc électrique, la puissance lumineuse varie suivant l'angle que forme le rayon considéré avec l'axe de la lampe. Pour des charbons verticaux (cas le plus général) on trouve des valeurs variant de 2 à 50 suivant qu'on considère les rayons émis dans l'hémisphère lumineux supérieur, dans l'hémisphère inférieur ou dans telle ou telle direction du plan horizontal passant par l'arc lumineux.

Dans ce tableau, les nombres donnés se rapportent à la valeur moyenne dans l'hémisphère inférieur ; cette partie du volume éclairé par une lampe étant la plus généralement utilisée en photographie [1].

Les foyers sont supposés nus, c'est-à-dire non placés dans une lanterne ou un globe. Ceux-ci absorbent une quantité de lumière variant de 10 à 25 % pour des verres opales légers et de 20 à 40 et même 50 % pour certains verres dépolis.

---

constante et égale à 55 volts. La puissance photométrique relative et le rendement actinique graphique croissent avec le débit.

(1) M. Molteni a étudié, au point de vue de l'éclairage des appareils de projection et d'agrandissement, l'influence de la position des charbons dans les lampes électriques. Le lecteur fera bien de se reporter à la note qu'il a publiée dans l'*Annuaire de la photographie* pour 1895.

Il faut aussi tenir compte de la coloration propre de ces écrans.

On fait généralement usage, avec les lumières artificielles, d'écrans ou de réflecteurs de diverses natures. Cette pratique est d'autant plus justifiée d'ailleurs qu'elle permet de diminuer dans une certaine mesure la crudité de l'éclairage trop direct de foyers rapprochés. Chaque réflecteur devra être étudié avec soin ; on devra tenir compte de sa forme, de sa couleur, de son pouvoir absorbant, de son pouvoir réfléchissant, de sa surface et de la distance le séparant de la source lumineuse et du sujet.

Cette question de distance a en effet une importance capitale ; on ne devra jamais perdre de vue la loi générale formulée à propos des objectifs (§ **25**) :

La quantité de lumière reçue en un point donné est inversement proportionnelle au carré de la distance qui la sépare de la source. — Cette loi est cependant modifiée par l'emploi des *réflecteurs* et *condensateurs* directement adaptés à la source. Si celle-ci est exactement au foyer de ces appareils optiques, on sait que les rayons en sortent en faisceaux parallèles. La puissance lumineuse est alors indépendante de la distance, si on fait abstraction de l'absorption atmosphérique.

La lumière produite par la combustion du magnésium en fil ou en ruban figure dans le tableau des sources continues; ce métal est en effet fréquemment employé dans des lampes disposées de façon à amener par déroulement la partie incandescente au foyer d'un petit réflecteur parabolique. La durée de l'éclairage peut être considérée comme continue et n'a pour limite que la capacité de la bobine. Mais il faut remarquer que la combustion du magnésium donne d'épaisses fumées blanches qui ne tardent pas à obscurcir plus ou moins fortement l'atmosphère. Il est, par suite, souvent difficile si non impossible de faire une opération un peu longue, ou deux poses courtes mais à peu d'intervalle.

Il faut tenir compte de cet inconvénient accessoire quand on opère dans un espace clos restreint. Dans ce cas, on emploie le plus grand diaphragme possible pour avoir la faculté de diminuer la pose.

On comprend combien il serait utopique de vouloir fixer des bases absolues pour le calcul du temps de pose avec des sources artificielles. Les conditions accessoires prennent ici une telle importance que chaque cas particulier donne lieu à une étude spéciale. On ne pouvait donc donner dans ce manuel que des principes généraux et poser des problèmes sans les résoudre.

Je répète, en terminant ce chapitre, que le

praticien doit faire avec précision des essais pour chaque installation comportant l'emploi de sources artificielles. Le temps ainsi dépensé n'est pas perdu, puisqu'il s'agit généralement de faire dans la suite un nombre illimité d'opérations dans les mêmes conditions d'éclairage.

Quant aux écrans et réflecteurs, qu'ils soient employés avec la lumière solaire ou avec des sources artificielles, leur usage est toujours des plus complexes et échappe le plus souvent au calcul.

Pour le portrait en particulier, toutes les conditions générales étant calculées, l'emploi judicieux des écrans détermine la valeur artistique de l'épreuve.

36. Sources lumineuses artificielles intermittentes. — On se sert aujourd'hui, de plus en plus, de lumières à *éclats* ou à *éclairs*.

Ces éclairs sont toujours produits par la combustion vive d'une poudre inflammable lumineuse. H. Sainte-Claire Deville et Caron ont montré les premiers les propriétés éclairantes de la poudre de magnésium projetée dans une flamme non lumineuse par elle-même [1].

Depuis, la combustion des poudres métalliques et en particulier du magnésium a donné lieu à

[1] *Annales de Chimie et de Physique*, 3e série, t. XVII, p. 345.

de nombreux essais. D'autres métaux ont été préconisés, entre autres, l'aluminium, mais la puissance actinique est beaucoup plus faible et l'emploi moins commode.

Le magnésium en poudre est employé soit seul, soit à l'état de mélange intime avec des comburants énergiques. Les compositions de *photo-poudres* ou *photo-éclairs* sont en nombre illimité, ainsi que les appareils ou lampes destinés à produire l'inflammation au moment voulu.

L'étude de ces produits et appareils est faite avec le plus grand soin dans l'ouvrage déjà cité de H. Fourtier ; on devra s'y reporter.

L'utilisation des poudres photogéniques est naturellement soumise aux mêmes lois générales que les sources lumineuses continues et, en outre, il faut tenir compte de la quantité de matière brûlée et de la durée de la combustion qui, quoique très courte et généralement réduite à un éclair, a cependant une valeur mesurable.

La puissance actinique de ces poudres présente de grandes variations, même pour une seule composition, suivant l'état physique et la plus ou moins grande quantité d'humidité que ces produits absorbent toujours, malgré le soin qu'on apporte à les conserver au sec.

D'après les expériences de MM. Eder et Valenta, la puissance actinique d'une poudre au magnésium est, jusqu'à une certaine limite, sensiblement proportionnelle à la quantité de ce métal entrant dans le mélange et quelle que soit la composition de celui-ci.

Quant à la durée des éclairs elle serait, d'après ces expérimentateurs, de $\frac{1}{7}$ de seconde pour 0gr,100 de magnésium métallique pur et de $\frac{1}{4}$ de seconde pour 1 gramme.

Les mélanges explosifs [1] bien dosés, c'est-à-dire contenant exactement la quantité d'oxygène nécessaire, ont le grand avantage de brûler rapidement; ainsi on peut arriver à ne pas dépasser $\frac{1}{20}$ de seconde pour la combustion de 4 grammes de magnésium.

La poudre suivante brûle en $\frac{1}{80}$ de seconde.

Perchlorate de potasse 30 grammes.
Chlorate de potasse 30 grammes.
Magnésium 40 grammes.

Dans l'oxygène pur, le magnésium brûle en produisant, d'après M. Abney, une lumière douze fois plus actinique que dans l'air. Cette propriété a été mise à profit par M. Boutan pour la photographie sous-marine.

Quelles conclusions pratiques pouvons-nous

---

[1] L'emploi des poudres à combustion rapide n'est pas sans danger et les brûlures par projection sont souvent à craindre. La poste refuse, d'ailleurs, les expéditions de mélanges chloratés.

tirer de ces données assez vagues ? Ici encore, le calcul est bien impuissant, on ne peut que formuler des indications générales.

Le plus souvent, les éclairs magnésiques sont utilisés pour photographier des scènes d'intérieur, c'est-à-dire un ensemble de sujets groupés dans un espace clos et non un sujet déterminé, sur lequel la lumière est plus ou moins concentrée.

Ce qu'il faut produire dans ce cas, c'est une grande somme de lumière diffuse. On est en présence d'un double problème d'éclairage et d'éclairement qui a été spécialement étudié par M. Mascart. Ce savant a fait construire un appareil destiné à mesurer l'éclairement cubique d'une salle. J'engage vivement ceux qui veulent pratiquer la photographie d'intérieur à lire la description de cet appareil et la très intéressante note à ce sujet [1].

L'éclairement étant donné en fonction du volume d'une salle il en résulte que la quantité de magnésium brûlée doit être d'autant plus grande que ce volume est lui-même plus grand. Il faut aussi nécessairement tenir compte de la couleur plus ou moins claire des murs et objets

---

[1] MASCART. — Sur la mesure de l'éclairement. *Bulletin de la Société Internationale des Électriciens*, 1888, p. 103.

réfléchissants situés dans le milieu à photographier.

L'intensité graphique de l'éclair étant plus grande relativement quand la combustion est plus rapide, on doit choisir les compositions très combustibles ; on y gagne de plus d'être moins gêné par les fumées blanches inévitables.

Il n'est certainement pas impossible de donner une formule approchée pour déterminer dans des conditions bien définies, soit la durée de la pose, soit l'intensité de la lumière à produire ; mais pour le moment on est encore obligé de tâtonner.

Quand il s'agit de scènes dans un intérieur du volume d'un salon ordinaire, avec des murs moyennement réfléchissants, on peut employer la formule suivante de M. Vallot ([1]), donnant le poids p de magnésium à brûler, soit pur, soit en mélange ([2]) pour impressionner une glace extra-rapide avec un objectif d'ouverture donnée $\frac{F}{d}$. On a :

$$p = \frac{\left(\frac{F}{d}\right)^2}{100} \times 2.$$

([1]) *Annuaire général de la photographie*, 1893, p. 520.

([2]) Pour opérer avec quelque précision ou tout au moins pour pouvoir discuter l'opération faite et au besoin corriger les erreurs pour des opérations ultérieures, il est indispensable de n'employer que des mélanges de composition connue. Ici comme pour toutes les opérations photographiques sérieuses, il faut refuser absolument les produits secrets.

H. Fourtier trouve que cette formule donne un résultat un peu faible et recommande en particulier de diviser la charge en plusieurs petits paquets. On a ainsi un meilleur éclairement ; cependant, si le sujet comporte des corps en mouvement, on doit allumer toute la poudre d'un seul coup.

Dans tous les cas, il faut avoir soin de placer les charges de telle façon qu'elles ne soient ni dans le plan des diaphragmes, ni dans celui de la coulisse du chassis. On croit suffisant de placer les charges en dehors du champ de l'objectif ; dans bien des cas, cela n'est pas assez.

IV. FACTEURS PROPRES AU SUJET

37. Différents facteurs propres au sujet. — Les rayons actiniques qui agissent finalement sur la couche sensible sont presque toujours réfléchis par le sujet ; ce n'est que dans les cas fort rares et très spéciaux de reproduction directe de foyers lumineux qu'il en est autrement.

Les différents corps qui reçoivent les rayons émanant d'une source lumineuse quelconque ne les réfléchissent jamais intégralement.

La perte d'activité actinique des rayons ainsi réfléchis varie dans des limites considérables, suivant l'éclat, la coloration, la position relative du sujet par rapport à la source de lumière et à l'objectif, etc.

Les facteurs relatifs à l'éclat, à la coloration, à la position, etc., des différents sujets varient à l'infini. Le débutant qui a étudié avec soin les autres causes plus ou moins mathématiques de variation du temps de pose se heurte ici à une foule de difficultés paraissant, à première vue, insurmontables.

C'est pour guider les débuts des photographes dans cette voie que plusieurs auteurs, à la suite de M. Dorval, ont dressé des tableaux d'*éclat intrinsèque* pour les principaux sujets qu'on peut avoir à reproduire et pour les diverses positions de ceux-ci.

Le tableau établi dans cet ordre d'idées par M. G. de Chapel d'Espinassoux [1] est un des plus complets; nous en donnons à la page suivante un extrait à titre d'exemple.

Chaque opérateur doit, s'il applique cette méthode, établir pour son usage un tableau semblable dans lequel il inscrira les coefficients de pose pour les sujets qu'il a le plus souvent à photographier. Mais, quel que soit le soin apporté à l'établissement d'un tel travail, il est forcément très incomplet et surtout beaucoup trop vague.

---

[1] Ouvrage cité.

COEFFICIENT D'ÉCLAT INTRINSÈQUE
SELON LA COLORATION ET LA DISTANCE DU SUJET

Le temps de pose nécessaire pour la reproduction d'une vue de nuages, par plein soleil à midi, le 21 juin à Paris, est pris pour unité.

Nuages	1
Mer et neige	2
Bateaux en mer et glaciers	6
Lointains et panoramas sans verdure . . .	4
" " avec verdure claire.	6
" " " foncée.	8
Verdure avec masse d'eau	10
" rapprochée seule	20
Bords de rivières ombragés.	40
Dessous de bois plus ou moins couverts .	40 à 300
Fonds de ravins	300
Excavations de rochers.	80
Monuments blancs avec plans rapprochés bien éclairés.	8
Monuments blancs avec plans rapprochés peu éclairés.	12
Détails d'architecture, pierre claire . . .	20
" " sombre . .	40
Cours intérieures à l'ombre	40
Sujets animés et nature morte	20
Groupes et portraits à l'ombre.	80
Traits noirs sur fond blanc	20

Comment comprend-on les expressions dessous de bois, excavations, détails d'architecture, sujets animés, etc. ?

J'ai vu beaucoup d'amateurs en présence d'une table, interpréter très différemment une même désignation.

Depuis une douzaine d'années que je m'occupe spécialement de la question du temps de pose en photographie, j'ai toujours substitué à ces désignations trop vagues, des considérations détaillées relatives à la position, à la distance, à la couleur et à l'éclat du sujet. On arrive ainsi à généraliser les formules et à les appliquer facilement aux cas nouveaux qui se présentent à chaque instant, surtout en voyage.

Nous allons donc étudier séparément et analyser ces divers facteurs.

Tous les autres facteurs du temps de pose, même ceux relatifs à l'éclairage, sont assez facilement déterminés après une courte étude, mais ceux propres aux sujets sont toujours beaucoup plus incertains et admettent d'ailleurs une grande latitude d'interprétation.

L'opérateur peut, après avoir choisi un sujet, donner à l'épreuve obtenue un cachet personnel par l'appréciation du temps de pose nécessaire pour obtenir un effet déterminé. Nous verrons d'ailleurs que, suivant l'importance plus ou moins grande qu'on veut donner à telle ou telle partie de l'épreuve, on peut adopter des coefficients assez différents pour un même sujet, toutes choses égales d'ailleurs.

On obtient ainsi des photographies différentes d'aspect et qui ont chacune leur valeur particulière; comme un paysage peint au même moment et dans les mêmes conditions d'éclairage par des artistes différents qui, tout en voyant les couleurs de la même manière, ne jugent pas également les contrastes. Les uns voient terne et plat quand les autres sont, au contraire, tentés d'exagérer les oppositions entre les ombres et les parties éclairées.

Si ces peintres deviennent photographes, les premiers posent beaucoup plus que les seconds et tous font de belles épreuves, puisqu'elles donnent, à leur point de vue, l'impression du paysage entrevu.

Je ne peux donc pas donner, pour les coefficients relatifs aux sujets, de nombres absolus et je n'ai pas la prétention de mettre en formule des éléments aussi soumis à l'interprétation; mais je désire cependant resserrer le plus possible le problème pour permettre au photographe d'arriver justement à cette unité de travail qui constitue pour chacun le cachet personnel.

38. Coloration et éclat du sujet. — La première cause de variation ou plutôt de perte de lumière actinique que nous ayons à examiner est due à la coloration propre du sujet. On sait que toutes les couleurs, c'est-à-dire tous les rayons différemment réfrangibles du spectre solaire, n'agissent pas avec la même activité sur les composés chimiques impressionnables.

Non seulement tous ces rayons n'agissent pas avec la même énergie, mais encore leur activité relative varie suivant la nature de la préparation.

L'étude analytique de la puissance actinique du spectre a été faite depuis longtemps et nous avons déjà eu à citer (§ **27**) les travaux de Becquerel, Poitevin, Draper, Vogel, Schumann, Abney, etc. Le tableau suivant, extrait de leurs travaux fait précisément voir la valeur actinique relative de chaque partie du spectre pour les sels d'argent les plus employés en photographie.

Fig. 1

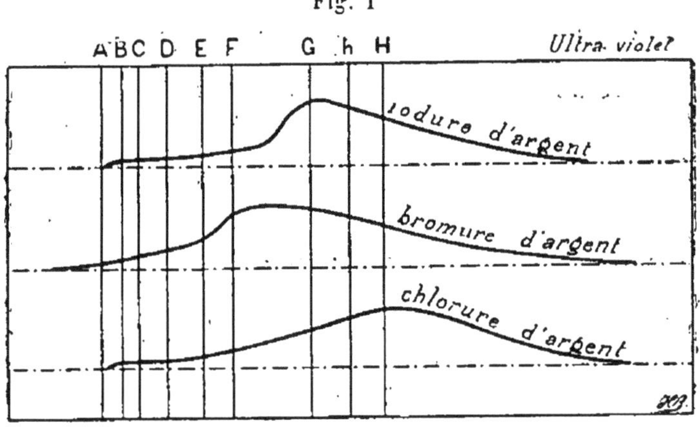

Toutes les données numériques qui vont suivre dans ce chapitre se rapportent exclusivement à l'emploi des préparations courantes au gélatino-bromure.

Si nous considérons la puissance du spectre vis-à-vis du bromure d'argent, on remarque que les rayons bleus et violets sont les plus actifs et que la puissance actinique décroît rapidement vers le rouge et beaucoup plus lentement au-delà du violet. Il y a même de ce côté une faible activité dans l'ultra-violet, c'est-à-dire dans la partie du spectre optiquement invisible.

La lumière blanche complète a une puissance totale environ deux fois plus grande que la partie la plus active du spectre. Cette différence est évidemment bien plus grande pour les autres rayons, en s'éloignant vers les deux extrémités.

En partant de l'étude des courbes ci-dessus et des données de la pratique, on peut, admettre que les coefficients de pose pour les diverses parties du spectre sont les suivants :

COEFFICIENTS DE POSE
POUR LES DIFFÉRENTES PARTIES DU SPECTRE SOLAIRE

Lumière blanche pure	1
Ultra violet, plus de	20
Violet foncé	16
Violet Raie H	8,5
Indigo " G	2,1
Partie la plus active, limite du bleu et de l'indigo	2
Bleu	2,8
Raie F	5,5
Vert	10
Raie E	12,5
Jaune " D	16
" C	18,2
Orangé " B	18,7
" A	20
Rouge. plus de	20

Les coefficients de ce tableau se rapportent aux couleurs pures du spectre; en les admettant dans tout leur éclat, mais il est bien évident qu'en pratique courante on n'a jamais à photographier des teintes d'une valeur aussi nettement déterminée.

Il s'agit, dans la plupart des cas et même quand une teinte paraît unique à l'œil, du mélange d'une des couleurs du spectre avec une ou plusieurs autres, et souvent avec du blanc ou du noir, c'est-à-dire les deux valeurs actiniques extrêmes.

D'un autre côté, le blanc pur est l'exception; on est bien plus souvent en présence de teintes claires assez indéterminées. Cela m'a conduit, afin de simplifier les calculs, à adopter pour *unité de coloration*, non pas le blanc, mais bien ces *tons clairs moyens*. On a ainsi moins souvent à faire intervenir le coefficient de coloration.

Le tableau suivant donne la valeur du *coefficient de coloration* pour les couleurs pures ou mélangées le plus ordinairement rencontrées dans la pratique, en partant de cette unité :

(J'ai ici abandonné la classification rationnelle du spectre, pour grouper les diverses teintes pures et mélangées de même valeur, en allant des plus actiniques aux moins actives).

COEFFICIENTS DE COLORATION

Traits noirs sur blanc pur	0,3
Blanc pur avec ombres claires	0,5
Bleu clair Violet clair	0,6
Teintes moyennes très claires	**1**
Bleu indigo	1
Violet Bleu verdâtre Gris très clair	2
Vert Jaune clair Rose chair	3
Vert feuille morte Gris ardoisé	4
Violet foncé Brun-rouge Vert foncé Jaune foncé	5
Rouge foncé Brun foncé	6
Noir	plus de 10

Il est évident que l'appréciation de la teinte, et par suite la détermination du coefficient reste toujours très vague; mais les nombres de la table n'en sont pas moins d'un grand secours comme première appréciation. On verra d'ailleurs plus loin que les sujets de teinte moyenne unité sont très nombreux et que les autres sont souvent à une distance au-delà de laquelle la coloration n'a plus qu'une très faible influence sur le temps de pose.

La nature de la surface des corps photographiés a aussi une importance assez grande, pouvant modifier la valeur propre de la coloration. Plus une surface est brillante, plus elle est photogénique.

Dans la table des coefficients de coloration, on peut être surpris de voir attribuer une valeur quelconque, quoique forte, à celui du noir. Il semble que cette teinte, si toutefois ce mot peut être ici employé, n'est pas photogénique et que, par suite, son coefficient de pose devrait avoir une valeur infinie; mais en pratique, les objets les plus noirs sont toujours un peu brillants (1); l'éclat diminue le coefficient de coloration. Le noir absolu n'existe pour ainsi dire pas en photographie.

Les sujets à reproduire sont *monochromes* ou *polychromes*. Dans le premier cas, on doit déterminer le plus exactement possible la valeur photogénique de la teinte. Dans le second cas, il faut apprécier la valeur de la teinte générale

---

(1) C'est pour cette raison que les enduits noirs appliqués à l'intérieur des chambres noires et autres appareils obscurs doivent être aussi mats que possible. Les diaphragmes, les tubes d'objectifs et pièces d'obturateurs, ainsi que les parties internes des soufflets et châssis doivent être visités de temps à autre pour enlever le brillant résultant des frottements. Les rayons blancs trouvant presque toujours des surfaces réfléchissantes, viennent finalement voiler très légèrement les phototypes.

moyenne et la comparer à l'unité moyenne claire que nous avons choisie pour unité.

On évalue, pour chacune des teintes occupant sur la plaque un espace appréciable, le coefficient de coloration et la surface relative par rapport à la surface totale de l'image. On en déduit assez facilement le coefficient moyen pratique à employer.

Une règle absolue est d'ailleurs impossible à établir ; tout dépend de l'effet que l'on veut obtenir.

Si on est en présence d'un sujet contenant un grand nombre de teintes et dont on veut avoir une représentation aussi exacte que possible (abstraction faite des questions d'isochromatisme qui seront traitées plus loin) présentant tous les contrastes que l'œil éprouve en regardant la nature, il est évident que le coefficient doit être déterminé pour la teinte générale moyenne comme il est dit plus haut.

Mais si la photographie a pour but principal de reproduire certains détails de structure ou de forme du sujet et si même, comme cela arrive fréquemment en histoire naturelle, la coloration n'a aucune importance ou est accidentelle, il faut appliquer exactement le coefficient de la teinte principale de la partie intéressante, sans s'inquiéter des autres.

Ce dernier cas s'applique plus spécialement à

la reproduction d'objets peu nombreux et peu variés comme coloration, situés à proximité de l'objectif.

Dans le premier cas, se rapportant le plus souvent à des sujets éloignés, il y a une plus grande variété de tons et on verra plus loin (§ **41**) que les coefficients de coloration et d'éclat perdent de leur valeur et arrivent même à pouvoir être négligés à partir d'une certaine distance.

39. Position. — La position du sujet a une grande importance au point de vue du temps de pose ; on a déjà vu qu'il faut tenir compte de la distance qui le sépare de l'objectif. Si, au lieu d'utiliser la lumière solaire émanant de l'infini, on emploie une source artificielle, il faut, comme on sait, tenir compte en outre de la distance comprise entre cette source et le sujet. Si, de plus, on interpose entre la lumière quelconque et le sujet des réflecteurs ou écrans, les positions relatives de la source, de ces appareils et du sujet sont à considérer.

Enfin, tant pour le sujet que pour les réflecteurs, quand il y en a, il est indispensable de se rendre compte de l'angle sous lequel les rayons lumineux frappent les surfaces intéressées et se rappeler que *la quantité de lumière tombant sur une surface donnée est*, toutes choses égales d'ailleurs, *proportionnelle au sinus de l'angle d'incidence.*

D'où :

Le coefficient de lumière étant l'inverse de la quantité de lumière reçue, le temps de pose relatif est alors inversement proportionnel au sinus de l'angle d'incidence.

Il est indispensable de faire intervenir ce coefficient quand le sujet présente une large surface intéressante inclinée ; mais, dans la plupart des cas, le nombre de plans est considérable sous des angles variés ; on peut alors n'en pas tenir compte.

Je divise les sujets en deux grandes classes, suivant qu'ils sont situés à l'extérieur et reçoivent librement la presque totalité de la lumière solaire directe ou réfléchie, ou que, étant placés dans un espace plus ou moins complètement clos, ils ne reçoivent qu'une partie de la lumière générale, passant par des orifices de dimensions forcément restreintes.

Je range dans la seconde classe, non seulement les reproductions de scènes d'intérieur proprement dites, mais encore tous les sujets extérieurs situés de telle façon qu'ils ne peuvent recevoir qu'une partie restreinte de la lumière. Tel est le cas des excavations, des chemins creux, des rues étroites, des dessous de bois, etc.

A. Sujets situés à l'extérieur en pleine lumière

40. Coefficient d'éloignement. — Le cas des sujets à l'extérieur, en pleine lumière, est naturellement le plus général ; il doit servir de base à toutes les appréciations et à tous les calculs.

Le premier facteur à considérer est relatif à la distance séparant le sujet de l'objectif.

On a déjà vu (§ **15**) que le temps de pose augmente, suivant une loi mathématique, quand le rapport de l'image à l'objet est supérieur à $\frac{1}{100}$; c'est-à-dire toutes les fois que le sujet est situé en deçà de la *distance unité* définie en fonction de la distance focale principale de l'objectif.

Au-delà de cette limite, le temps de pose, qui est optiquement proportionnel au carré de la longueur focale, devrait être invariable puisque la mise au point est pratiquement fixe.

Mais la couche d'air traversée par des rayons allant du sujet à l'objectif diffuse une partie de ces rayons et les réfracte différemment.

On admet généralement que ce phénomène est dû à la présence d'une quantité considérable de corpuscules solides plus ou moins transparents en suspension dans l'atmosphère.

L'influence de ce phénomène sur le temps de pose échappe au calcul absolu, mais on en conclut cependant le principe suivant, en s'appuyant sur les données de l'expérience :

Une couche d'air atmosphérique émet une quantité proportionnelle de rayons bleus et violets très actiniques d'autant plus grande qu'elle est plus épaisse.

Ce qui revient à dire que, *au-delà de la distance unité, la durée de la pose décroît d'autant plus que le sujet est plus éloigné.*

Il est donc nécessaire de faire intervenir dans le calcul un nouveau coefficient, relatif à l'éloignement.

En tenant compte des indications fournies par les auteurs et à la suite de nombreux essais personnels, j'admets les valeurs suivantes pour les différentes distances :

Distance	Coefficient d'éloignement
Unité (100 fois la distance focale).	1
200 mètres	0,9
500 "	0,75
1 000 "	0,4
3 000 "	0,2
5 000 " et au-delà	0,1

Le *coefficient de distance* Δ, varie donc :

1° Suivant une loi mathématique, sous la désignation de *coefficient de rapprochement* R, quand le sujet est situé *en-deçà* de la distance unité ;

2° suivant une loi empirique, sous la désignation de *coefficient d'éloignement* E quand le sujet est situé *au-delà* de 200 mètres.

41. Modifications relatives des deux coefficients d'éclat et d'éloignement. — Dans la plupart des cas de photographie extérieure à une certaine distance, le coefficient d'éloignement a une importance plus grande que celui de coloration ou d'éclat. Cependant, il est nécessaire que l'opérateur puisse faire varier simultanément, et suivant les besoins, ces deux coefficients intimement liés l'un à l'autre.

Le coefficient de coloration a une valeur relative d'autant plus faible que la distance est plus grande. Pour beaucoup de sujets ordinaires situés en plein air, ce coefficient peut être négligé au-delà de 500 et même de 200 mètres.

À partir de cette distance, les contrastes sont très atténués et, de plus, les différents tons sont souvent plus variés grâce à l'étendue du sujet ; on se rapproche davantage de la teinte claire moyenne unité (§ **38**).

Ce n'est que quand le coefficient d'éclat a une valeur relativement considérable, dans un sens ou dans l'autre, qu'il doit être pris en considération au-delà de 500 mètres. Ainsi, si le sujet est très sombre sur la totalité de la surface reproduite, on peut en tenir compte jusqu'à 1 000 ou 2 000 mètres, mais alors il faut en diminuer progressivement la valeur.

Il en est de même inversement, quand on a à reproduire des glaciers ou de grandes masses de neige d'un grand éclat ([1]), surtout si les rochers sombres du voisinage n'ont pas une grande importance.

En somme, sauf dans ces cas extrêmes, on peut négliger le coefficient de coloration ou d'éclat dès qu'on applique le coefficient d'éloignement.

On doit déterminer la valeur du coefficient d'éloignement d'après une distance moyenne; et ici encore, on peut, suivant l'effet cherché, adopter plusieurs solutions également bonnes :

Si le sujet comporte, par exemple, deux plans principaux différents situés l'un à 50 mètres et l'autre à 1 000 mètres : soit un monument sombre sur un fond de verdure claire. Pour obtenir une bonne épreuve d'ensemble, on ne tiendra pas compte de la teinte sombre propre du monument, c'est-à-dire qu'on n'appliquera pas le coefficient de coloration et on calculera celui d'éloignement pour une distance moyenne de 500 mètres.

([1]) On a généralement, dans ce cas, à tenir compte aussi de l'altitude (§ **30**).

Veut-on, au contraire, avant tout, avoir une reproduction aussi exacte que possible du monument, abstraction faite des parties accessoires de la vue générale? On applique le coefficient de coloration pour ce sujet, et on ne tient pas compte du coefficient d'éloignement, puisque le plan principal considéré est à moins de 200 mètres.

Enfin, si ce sont des détails que l'on veut obtenir dans les plans les plus éloignés, on prend le coefficient d'éloignement pour 1 000 mètres et on néglige la coloration.

Voici donc un cas, où, d'un point donné avec le même objectif et au même moment, on doit, suivant le résultat qu'on veut atteindre, donner des temps de pose variant comme les nombres : 75, 200 et 40.

On comprend que les plans différents d'un sujet peuvent être souvent très nombreux et que l'appréciation de la distance moyenne est quelquefois difficile à faire; mais alors, quand il ne s'agit pas de donner une importance spéciale à un point déterminé, les causes d'erreurs sont atténuées par la tendance heureuse qu'ont les parties différemment impressionnées d'un phototype de prendre au développement une intensité moyenne assez juste (1).

(1) Revoir à ce sujet ce qui a été dit, à propos de la détermination de la sensibilité des couches sensibles (§ **22**).

On ne doit pas d'ailleurs oublier de tenir compte de la surface relative de chacun des plans du sujet.

Pour ces déterminations, on a préconisé l'usage des photomètres promenés sur le verre dépoli au moment de la mise au point. Ce procédé déplace le problème sans faciliter la solution.

Il vaut beaucoup mieux apprécier l'importance relative des diverses parties du sujet sur la nature, que de faire sur le verre dépoli des mesurages photométriques pour le moins aussi incertains, puisqu'on ne serait jamais convaincu d'avoir choisi les points convenables d'observation. L'instrument ne pourrait d'ailleurs pas mettre en relief la puissance actinique exceptionnelle des lointains.

La détermination aussi exacte que possible du coefficient d'éloignement, pour une vue présentant un grand nombre de plans différents, a une importance considérable pour l'effet artistique que présentera l'épreuve finale. Indépendamment de l'impression de relief que nous donne la vision binoculaire naturelle, pour les objets assez peu éloignés, il y a la différence d'éclairage des plans successifs qui constitue la perspective aérienne.

Le photographe doit donc s'efforcer de conserver, pour les vues générales, la valeur relative d'éclairage des plans successifs ; il devra même chercher à l'exagérer s'il y a des parties très peu éloignées afin de compenser, dans une certaine mesure, l'absence de relief binoculaire.

La perspective aérienne ne résulte pas seulement pour nos yeux de cette différence d'éclairage des divers plans, mais aussi de la netteté de moins en moins grande des parties les plus éloignées. Quand on ne veut pas attirer d'une façon spéciale le regard sur un objet déterminé, on doit donc mettre au point sur les parties moyennement rapprochées (1).

Or, le temps de pose étant, toutes choses égales d'ailleurs, d'autant plus court que la mise au point est plus parfaite, on est certain d'obtenir un bon résultat en calculant le coefficient d'éloignement d'après la distance du plan moyen.

Dans les cas douteux, il ne faut pas perdre de vue que *le manque de pose exagère la perspective aérienne* et que *l'excès l'atténue.* On apprécie alors si le sujet a plus de chances d'être encore acceptable dans un sens ou dans l'autre.

---

(1) Les appareils à main à foyer fixe ou à mise au point fixe, sont réglés pour donner automatiquement cet effet.

B. Sujets à l'intérieur ou dans des espaces incomplètement éclairés, dessous de bois, excavations, etc.

42. Conditions générales du problème. — Les conditions d'éclairage général complet examinées dans le paragraphe précédent ne sont pas toujours réalisées et même, pour être exact, on pourrait dire qu'elles le sont rarement en théorie.

On a souvent à reproduire des sujets placés dans des espaces clos, éclairés seulement par un nombre plus ou moins grand d'ouvertures, ou bien des sujets qui, quoique situés en plein air, sont dans une position telle que la lumière ne leur arrive que par des surfaces libres réduites, comme cela est le cas pour des excavations de rochers, des rues étroites, des ravins ou enfin des dessous de bois éclairés seulement par le petit nombre de rayons passant, directement ou indirectement, par l'espace restreint, laissé libre par le feuillage.

Dans tous ces cas, le problème de la détermination du temps de pose prend une forme un peu plus compliquée.

Ici encore on recommande souvent l'emploi des actinomètres, mais j'ai suffisamment dit ailleurs les diverses raisons qui me font rejeter pour la presque totalité des opérations négatives photographiques l'usage de ces instruments. Pour les éclairages incomplets, je préfère toujours le calcul au moins approché, basé sur le raisonnement des conditions complexes de l'éclairage.

Un objet quelconque situé en plein air peut être considéré comme placé au centre d'une demi-sphère transparente de rayon infini, il reçoit donc les rayons directs du soleil et la totalité des rayons réfléchis par le ciel ([1]).

Ce cas est relativement rare, il existe presque toujours, à proximité du sujet, des corps interceptant une partie des rayons directs et qui diminuent la valeur des rayons indirects par une série de réflexions. Si ces obstacles augmentent d'importance, on arrive graduellement aux cas qui nous occupent, en allant par exemple d'une rue étroite à un intérieur proprement dit.

Examinons d'abord le cas des sujets placés dans des espaces clos, il sera ensuite plus facile

---

([1]) Si cet objet est placé au sommet d'une montagne, il reçoit même une quantité de lumière encore plus grande, puisqu'il est frappé par des rayons réfléchis émanant des parties du ciel au-dessous de l'horizon. Pour cette raison encore, le temps de pose diminue quand l'altitude augmente.

d'appliquer les mêmes principes aux éclairages de valeurs intermédiaires.

43. Sujets à l'intérieur proprement dits. — Si le sujet est dans un espace clos et ne reçoit la lumière que par une ouverture, on peut toujours le regarder comme étant au centre d'une demi-sphère, mais le rayon de celle-ci n'est plus illimité, il a pour mesure la distance du sujet à l'ouverture.

Si on compare la lumière reçue dans ce cas à celle qui traverserait une demi-sphère complètement transparente, on voit que les éclairages sont directement proportionnels aux surfaces lumineuses.

On commence alors par déterminer, comme d'habitude, le temps de pose T pour le sujet considéré, en admettant qu'il soit situé en plein air ; puis on calcule la surface S de la demi-sphère ayant pour rayon la distance D de l'objet à l'ouverture, et enfin la surface s de cette ouverture, ou plutôt sa projection droite sur la sphère, si elle est inclinée.

Le temps de pose T_i est alors :

$$T_i = \frac{TS}{s}.$$

Pour généraliser ce calcul, il est plus simple de considérer une demi-sphère unité de 1 mètre de rayon, et de remplacer dans la formule précédente la surface s par sa projection s' sur cette demi-sphère unité. On a ainsi :

$$S = 2\pi R^2 = 6{,}28$$

$$s' = \frac{s}{D^2}$$

et enfin

$$T_i = \frac{6{,}28 \,.\, T \times D^2}{S} \quad (^1).$$

Dans le calcul des ouvertures, il est évident qu'il faut tenir compte de leur position. Si elles sont trop près du sol, l'éclairage est plus faible que si elles sont plus élevées ; mais, en pratique, on peut admettre une position moyenne et négliger les parties ouvertes par trop mal placées ou donnant lieu à un très grand nombre de réflexions.

Si on a plusieurs ouvertures, on doit, d'après le principe ci-dessus, évaluer la surface et la position de chacune et calculer la somme totale de lumière arrivant sur le sujet.

Dans un intérieur, on peut avoir à photogra-

---

(1) Cette formule approchée, établie par moi en 1888 et publiée par M. Stanislas Meunier dans la *Nature* du 28 juillet de la même année, est souvent employée avec succès et M. G. de Chapel d'Espinassoux a bien voulu la reproduire dans son très complet traité du temps de pose.

phier un sujet peu étendu occupant un emplacement bien déterminé dans l'espace considéré, tel qu'un portrait, un groupe, une reproduction quelconque, etc., ou bien, on peut vouloir reproduire l'ensemble d'une salle ou d'un milieu clos.

Pour un portrait ou tout autre sujet rond de bosse, il est préférable de ne pas avoir plusieurs ouvertures dans des plans différents ou trop éloignées les unes des autres; si cela a lieu, il faut que l'une ait, par sa position ou ses dimensions, une importance très grande par rapport aux autres; sans cela, l'éclairage est mauvais et donne des ombres d'un effet faux.

Lorsque l'on a deux ouvertures situées dans deux plans à angle droit, comme cela arrive fréquemment dans des pièces d'angle, on doit autant que possible disposer le sujet de façon qu'il soit séparé des ouvertures ou groupes d'ouvertures, par des distances telles qu'il reçoive d'un côté quatre à cinq fois plus de lumière que de l'autre. Les éclairages étant inversement proportionnels aux carrés des distances du sujet aux ouvertures, il suffit donc de placer le modèle aux $\frac{2}{3}$ de la distance qui sépare les deux fenêtres, si elles ont la même surface et si l'éclairage de chacune est le même.

Ces conditions étant remplies, on obtiendra un résultat satisfaisant en appliquant la formule d'intérieur pour la seule ouverture la plus rapprochée ou la plus importante; la lumière venant des autres sources, intervenant seulement alors pour donner de la douceur aux ombres.

S'il s'agit de la reproduction d'un objet plan, comme une gravure ou une photographie par exemple, il est bien évident qu'on ne doit, quel que soit le nombre des ouvertures, tenir compte que de celles qui éclairent directement le sujet. Si, en outre, le plan est oblique par rapport à la direction moyenne des rayons lumineux, il faut augmenter le temps de pose proportionnellement à l'inverse du sinus de l'angle d'inclinaison de ces rayons (§ **39**).

Si, au lieu de reproduire un sujet isolé, on doit photographier l'ensemble d'un espace clos, il faut naturellement tenir compte de l'éclairement général et de la lumière entrant par toutes les ouvertures. On calcule la distance D', soit pour le sujet principal, s'il y en a un dans l'ensemble; soit pour la moyenne, si tout a une même valeur. Je prends généralement dans ce cas les $\frac{3}{4}$ de la distance comprise entre les ouvertures principales et le point le plus éloigné.

Si, dans les intérieurs à ouvertures multiples, on peut boucher celles qui sont en opposition directe avec les principales, on ne devra pas manquer de le faire pour éviter les effets de faux jour [1].

Dans ces photographies d'ensemble comme d'ailleurs pour les reproductions de sujets isolés, il est naturellement indispensable de faire intervenir dans le calcul la valeur plus ou moins réfléchissante des parois et des objets accessoires.

Les ouvertures sont, dans les calculs précédents, supposées libres, mais, le plus souvent, il y a des vitrages dont le défaut de transparence peut diminuer dans une assez forte proportion la valeur de la lumière. Des verres dépolis absorbent ainsi de 30 à 50 % de la lumière.

Il en est de même, à plus forte raison, de vitraux colorés dont la puissance absorbante peut varier, de 0 pour le verre blanc pur, à l'infini pour les teintes rouges foncées (cette valeur limite de l'éclairage est ainsi celle du laboratoire à vitrage rouge).

Dans les ateliers destinés aux portraits, on peut appliquer les formules et principes généraux qui précèdent, mais il ne faut pas oublier que, pour ce but spécial, le photographe a à sa

---

[1] M. G. de Chapel d'Espinassoux conseille, quand il y a des ouvertures en face de l'objectif, de les masquer à l'extérieur et de les déboucher vers la fin de la pose. On obtient ainsi au-delà d'une fenêtre, par exemple, de jolis effets de paysages.

disposition un jeu d'écrans et de transparents dont il doit tirer une foule d'effets de lumière.

La valeur réfléchissante de chaque écran doit intervenir dans le calcul et varie avec la nature, l'éclat, la couleur, la distance qui le sépare du vitrage et du sujet, la dimension, l'inclinaison et enfin la forme plane ou courbe de la surface.

Le problème devient donc, dans ce cas, des plus complexes et échappe certainement en grande partie au calcul; celui-ci doit cependant être fait pour avoir une grossière appréciation; le talent de l'opérateur intervient ensuite pour le résultat final.

Dans le calcul de temps de pose pour le sujet supposé situé à l'extérieur, calcul qui doit précéder l'application de la formule d'intérieur, on est quelquefois embarrassé pour le choix du coefficient d'éclairage. Il faut se reporter à ce qui a été dit à la fin du § **27**.

Si le soleil arrive directement sur le sujet considéré en traversant le vitrage ou l'ouverture, on se trouve pour ainsi dire dans le cas du plein air, on fait alors le calcul en conséquence; mais, presque toujours, les ouvertures sont éclairées uniquement par la lumière réfléchie par le ciel, il faut donc employer le coefficient horaire de la lumière diffuse.

44. Espaces incomplètement éclairés. — Le passage des sujets en pleine lumière à ceux placés à l'intérieur est évidemment progressif. Les intermédiaires sont multiples et complexes. Dans les tableaux spéciaux de coefficients intrinsèques on indique toujours quelques types tels que : fonds de ravins, excavations de rochers, dessous de bois, etc., mais, dans la pratique, le photographe et principalement l'amateur qui change de sujet très fréquemment se trouve arrêté, dans l'application de ces coefficients, devant le nombre illimité de cas différents qui, par définition, rentrent dans la même catégorie.

Pour chaque sujet, je préfère appliquer sinon la formule, du moins le principe précédemment énoncé. Il est, en effet, évident que la formule est beaucoup trop compliquée, surtout en ce qui concerne la détermination du nombre, de la dimension et de la distance des ouvertures lumineuses. Mais il est relativement aisé d'arriver à une approximation suffisamment exacte en pratique.

Prenons l'exemple d'une rue étroite, d'un chemin creux ou d'un ravin : Si le soleil arrive directement suivant l'axe, on peut ne pas faire de calcul spécial et considérer le sujet comme étant en pleine lumière (1). Si l'éclairage est assez oblique pour que l'un des côtés du sujet ne re-

---

(1) Il est incontestable qu'un tel éclairage suivant l'axe est à éviter au point de vue purement artistique.

çoive plus l'action de la lumière directe, on se trouve en présence d'un cas d'éclairage intermédiaire entre le plein air et l'intérieur.

On doit alors apprécier de combien est réduite la demi-sphère lumineuse complète et modifier proportionnellement la pose donnée par le calcul extérieur; celui-ci étant fait en tenant compte de la valeur réfléchissante des parois et en donnant au coefficient horaire une valeur intermédiaire entre celle du plein soleil et celle de la lumière diffuse, suivant l'importance relative des ombres et des parties directement éclairées.

Si, au lieu de photographier l'ensemble de cet espace incomplètement éclairé, on se contente de reproduire un sujet isolé : un portrait ou un fragment de monument au fond d'une cour, à l'ombre par exemple, le problème est mieux déterminé et se rapproche davantage du cas général d'intérieur. La forme géométrique des ouvertures et des parois réfléchissantes est facile à déterminer.

L'amateur peut se trouver hésitant pour savoir à partir de quelle limite on doit tenir compte de l'influence des corps formant obstacle à la lumière. J'admets, en pratique, que quand la plus petite dimension de l'ouverture est plus grande que la distance qui sépare celle-ci du sujet, il n'y a pas lieu de tenir compte de ces conditions spéciales d'éclairage. Cela est donc le cas, par exemple, pour une rue dont la largeur est supérieure à la hauteur des maisons.

45. Dessous de bois. — Quand on est en présence d'un rideau d'arbres à peu près plan et bien éclairé, il n'y a qu'à employer les formules ordinaires applicables aux sujets extérieurs, en tenant compte de la coloration très peu actinique. Mais, lorsqu'il s'agit de reproduire un objet entièrement entouré de végétation : une allée couverte, un coin de bois plus ou moins ombragé par des grands arbres, le calcul du temps de pose devient assez compliqué.

Il en est des dessous de bois comme des intérieurs relatifs. Il existe une gamme complète, entre de faibles masses de verdure ou quelques arbres espacés dont on ne doit pas tenir compte, et les hautes futaies ou couverts interceptant totalement les rayons directs du soleil.

Quand les arbres se rapprochent, une partie de plus en plus grande de la lumière est arrêtée par les feuilles et les branchages. Le sujet rentre dans le cas d'un intérieur éclairé par un nombre considérable d'ouvertures plus ou moins grandes et diversement situées.

Toute mesure absolue est alors impossible, mais on peut évaluer à l'œil le rapport qui existe entre la surface couverte et celle par laquelle on voit librement le ciel. On a ainsi la valeur relative de l'éclairage direct; il faut y ajouter celle des nombreux rayons réfléchis par le feuillage ; ceux-ci ont une puissance actinique assez faible à cause de la coloration des surfaces réfléchissantes, surtout quand les feuilles ne sont pas brillantes.

En pratique, je me contente d'augmenter, dans une faible mesure, la valeur de la surface lumineuse relative.

Si le feuillage est assez touffu pour que le ciel soit totalement caché, on doit considérer le sujet comme situé au centre d'une coupole teintée ayant un très fort pouvoir absorbant. Il est de toute évidence qu'on ne peut donner aucun chiffre, même approché, pour la valeur de la lumière dans de pareils cas, mais l'opérateur qui sera arrivé progressivement à ces limites sera capable de faire une approximation suffisante.

Dans toutes les photographies de verdures, de rochers, d'excavations, etc., il est très important de ne pas négliger les coefficients de coloration qui ont une valeur propre d'autant plus élevée que l'éclairage général est plus faible.

V. SUJETS EN MOUVEMENT

46. Généralités. — Dans les chapitres précédents, on a toujours admis que le sujet était suffisamment immobile, pour que chacun de ses points se maintienne sur un même point de la couche sensible, pendant toute la durée de la pose.

Mais, quand on veut reproduire des sujets en mouvement, le problème du temps de pose prend une autre forme ou, plutôt, il entre dans le calcul un élément nouveau.

La photographie rentre alors dans la classe des opérations communément appelées *instantanées*. J'ai dit plus haut (§ **2**), ce qu'il fallait penser de cette désignation, je n'y reviendrai pas ici. La pose peut être assez courte pour donner une image nette d'un sujet en mouvement et cependant avoir une valeur juste, au point de vue de l'action lumineuse. Quand on croit devoir donner une idée de la durée plus ou moins longue de la pose au point de vue du mouvement, on doit dire *pose rapide* ou *très rapide* ou, ce qui vaut encore mieux, on donne la valeur aussi exacte que possible de celle-ci.

La reproduction des objets en mouvement donne lieu à une foule d'observations et de problèmes spéciaux; ce sujet ne peut donc être qu'effleuré ici; le lecteur qui voudra pratiquer ce genre de photographie devra lire les traités particuliers, parmi lesquels il faut citer ceux de MM. Albert Londe et Agle [1]. Ce dernier auteur

---

(1) Agle. — *Manuel pratique de photographie instantanée*, Gauthier-Villars et Fils, 1891.

classe les sujets en trois catégories, suivant la vitesse du déplacement de l'image sur le verre dépoli, et donne pour chacune les conditions limites de réussite avec l'indication des objectifs et obturateurs qu'il faut employer.

Les amateurs trouveront dans ce manuel beaucoup de documents très utiles pour ce genre de travail. J'ai fait quelques emprunts à M. Agle.

47. Calcul du temps de pose limite. — Quand un objet se meut avec une certaine vitesse, son image se déplace pendant la pose sur la surface sensible, d'une quantité d'autant plus grande que cette vitesse est plus considérable et que le rapport de l'image à l'objet est plus grand.

Si l'instantanéité absolue existait, on pourrait, à un moment quelconque du mouvement, saisir en un point unique l'image d'un point déterminé du sujet; mais la pose, si courte qu'elle soit, a toujours une durée finie pendant laquelle le modèle s'étant déplacé, chacun de ses points a donné sur la surface sensible une image linéaire.

La durée de l'exposition doit donc être réglée de telle façon, que la longueur de cette ligne soit suffisamment courte pour qu'elle puisse être pratiquement regardée comme un simple point.

On admet généralement que l'image d'un point est assez nette quand elle n'excède pas $0^{m},0001$. Cette limite pratique peut naturellement varier suivant le genre de travaux; s'il s'agit de reproductions spéciales, on peut, par exemple, vouloir réduire cette limite, surtout si le phototype primitif doit être agrandi à une échelle un peu considérable. Dans ce cas, c'est sur l'épreuve définitive que le dixième de millimètre ne doit pas être dépassé.

Il y a là une question de cas particulier. En pratique, un objet dont l'image s'est déplacée dans ces limites sur le phototype primitif peut donner encore un bon agrandissement à deux et même à trois diamètres, à la condition de ne pas le regarder à la loupe.

Donc, quand on doit photographier un objet en mouvement, il faut, avant tout autre calcul, se rendre compte de son déplacement relatif sur le verre dépoli et déterminer la durée limite de la pose pour que ce déplacement ne dépasse pas le dixième de millimètre.

Ce problème est simple à résoudre quand on connaît les éléments suivants :

1. *Vitesse propre du sujet.*

2. *Coefficient de réduction*, c'est-à-dire rapport de l'image à l'objet ou les facteurs servant à le déterminer : distance à l'objectif et longueur focale de celui-ci.

3. *Angle formé par la direction du mouvement avec l'axe de l'objectif.*

Il suffit d'appliquer les formules empruntées

au très intéressant traité de l'objectif de M. Wallon.

Si on prend p la distance du sujet mesurée en fonction de la distance focale de l'objectif, soit :

$$p = n\text{F}.$$

La durée maxima θ, de la pose sera, la vitesse de déplacement étant de d^{m} par seconde :

$$\theta = \frac{n - 1}{10\,000\, d}$$

en admettant que la direction du mouvement soit perpendiculaire à l'axe de l'objectif.

Si cette direction fait avec le même axe un angle α, le temps de pose maximum θ' devient :

$$\theta' = \frac{\theta}{\sin \alpha}.$$

Enfin, si la direction du mouvement est parallèle à l'axe de l'objectif, il faut seulement tenir compte du changement d'échelle par suite du rapprochement ou de l'éloignement du sujet.

Mais, si simple que soit un calcul, il est toujours trop long à faire quand il s'agit de saisir un sujet qui se déplace ; il est donc indispensable de connaître à l'avance les vitesses de déplacement des objets qu'on peut le plus ordinairement rencontrer. On consultera donc utilement les nombreuses tables établies pour cet usage et en particulier celles de MM. Jackson, Agle, Wallon, etc. La table XIII, à la fin du manuel, donne le temps de pose limite pour quelques vitesses et suivant la distance, en fonction de la longueur focale de l'objectif et en admettant que le déplacement du sujet a lieu dans un plan perpendiculaire à l'axe optique.

Les nombres donnés par la table ne sont qu'approximatifs, il est bien évident que les vitesses ainsi calculées sont relatives à des mouvements uniformes bien réglés. Il y a peu de sujets en mouvement dont la vitesse soit constante. La vitesse d'un train express, nulle au départ, peut atteindre exceptionnellement 120 kilomètres à l'heure et varie, en marche normale, de 60 à 90 kilomètres. Cet exemple entre mille doit rendre très prudent dans l'application des tables de vitesse.

Toutes les fois que cela est possible, il faut s'exercer à évaluer rapidement à l'œil la vitesse de déplacement des images sur la glace dépolie, soit directement, soit indirectement.

Dans ce but, je recommande le moyen suivant qui, s'il ne peut être immédiatement utile pour un sujet rapidement entrevu, a du moins l'avantage de familiariser l'opérateur avec l'appréciation des vitesses, et est au moins aussi rapide que la recherche dans une table quelconque.

On trace, sur le dessus de la chambre noire,

au moyen de trois petits clous brillants, un triangle isocèle *oab* (*fig.* 2) ayant pour hauteur la longueur focale de l'objectif et pour base $0^{m},05$, par exemple. Le point *o* est placé dans le plan focal et les points *a* et *b* dans le plan vertical passant par le point nodal d'émergence. Lorsque ce plan est en dehors du cadre, comme cela arrive avec la plupart des chambres à soufflet ayant l'objectif en saillie sur l'avant, on fixe les deux points *a* et *b* sur le cadre, mais en les rapprochant proportionnellement pour conserver à l'angle *oab* sa valeur juste.

Fig. 2

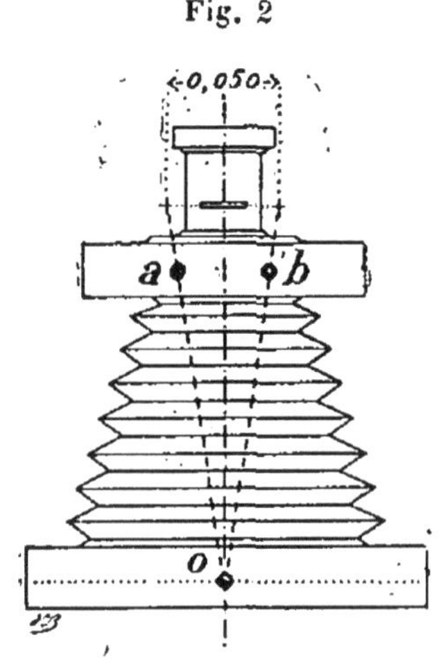

L'appareil étant ainsi disposé et fixe, si on vise, suivant la direction *oa*, un sujet en mouvement et qu'on le suive jusqu'à ce qu'il arrive dans le prolongement de la ligne *ob*, on peut mesurer le temps qu'il met à parcourir la distance angulaire *aob*. Or, pendant le même temps, l'image se déplace sur le verre dépoli d'une distance égale à *ab*, soit à $0^{m},05$ dans l'exemple choisi.

Cette longueur de $0^{m},05$ étant égale à 500 fois

la limite de netteté tolérée, la durée totale de la pose ne devra pas dépasser $\frac{1}{500}$ du temps observé: Si donc un mobile a mis cinq secondes pour parcourir l'espace angulaire *aob*, la pose limite sera de $\frac{5}{500} = 0^s,01$.

Comme on le voit, cette méthode simple d'appréciation de la vitesse relative des objets en mouvement a le grand avantage de tenir compte simultanément de la vitesse et de la direction du mouvement.

L'établissement de ces deux lignes de visées peut d'ailleurs, en réglant en conséquence l'écartement *ab*, servir pour la mise en place du sujet.

Dans tous les cas, qu'il s'agisse de calcul ou d'appréciation, il ne faut pas confondre la vitesse moyenne générale du sujet avec la vitesse plus grande de certaines de ses parties : quand un homme marche avec une vitesse moyenne de 6 kilomètres à l'heure, ses pieds sont animés d'un mouvement beaucoup plus rapide pour passer brusquement d'arrière en avant. Dans un véhicule roulant, animé d'une vitesse moyenne donnée, il n'y a que l'axe des roues et les parties relativement fixes qui avancent avec cette vitesse ; les diverses parties des jantes décrivant des cycloïdes bien plus longues que le chemin parcouru par l'ensemble ont une vitesse plus grande.

Il en est à plus forte raison de même pour les diverses parties d'une machine à mouvement compliqué.

Si, au lieu d'être immobile pour photographier un sujet en mouvement, l'opérateur se déplace et reproduit un sujet fixe, le déplacement relatif de l'image sur la couche sensible est le même. Si le sujet et l'opérateur sont en mouvement, les vitesses s'ajoutent ou se retranchent, suivant que les directions sont inverses ou directes.

Mais, toutes les fois que l'appareil est dans un véhicule en mouvement, wagon de chemin de fer, voiture ou même bateau sur un lac, il faut tenir compte des cahots brusques qui peuvent se produire au moment de la pose, et, par suite, faire les calculs comme si la vitesse était beaucoup plus grande.

48. Temps de pose normal et temps de pose anormal. — Le *temps de pose normal*, c'est-à-dire celui qui est déterminé exactement d'après toutes les données étudiées dans les chapitres précédents doit, dans le cas de sujets en mouvement, perdre de son importance devant le *temps de pose limite* ou *anormal*, tel qu'il vient d'être calculé d'après les conditions de ce mouvement.

Ce temps de pose anormal limite sera évidemment très rarement égal au temps de pose normal : il sera supérieur ou inférieur.

S'il y a égalité, on rentre dans le cas de photographies pouvant recevoir le temps de pose normal ; il ne s'agit plus que de régler l'obturateur pour lui donner la vitesse correspondante [1].

Si le temps anormal est le plus grand, c'est évidemment le plus petit qui sera choisi, puisqu'il donnera satisfaction au point de vue général et qu'il correspond à un déplacement de l'image inférieur à la limite tolérée.

Enfin, et cela est le cas le plus ordinaire, si la vitesse du sujet est telle qu'il soit impossible de poser le temps normal, on donne la pose anormale limite imposée par le mouvement du sujet. Il y a alors sous-exposition et on doit employer tous les artifices de développement dont on dispose pour corriger, dans la limite du possible, l'effet heurté que nous donne le phototype dans ces conditions.

L'opérateur doit noter exactement toutes les circonstances de l'opération et indiquer en regard le temps de pose normal calculé et le temps anormal ; l'écart entre les deux sert de base pour la conduite du développement.

---

(1) J'admets ici que l'obturateur est assez précis pour donner toutes les vitesses théoriques calculées, on verra (§ **59**) que cela n'existe pour ainsi dire jamais et qu'il faut prendre la vitesse la plus voisine de celle qu'on désire.

CHAPITRE III

ISOCHROMATISME

49. Considérations théoriques. — On a vu, dans les §§ **22** et **38** que les substances sensibles à la lumière ne sont pas également impressionnées par toutes les couleurs du spectre et que, pour chaque composition, il y a un maximum de sensibilité pour tel ou tel rayon coloré.

Cette différence d'action des diverses parties du spectre donne donc en photographie des contrastes faux : le bleu un peu foncé est plus actif que le rose et donne finalement une image plus claire que celui-ci, sur une épreuve bien posée au point de vue des ombres et des lumières. L'impression photographique n'est pas d'accord avec l'impression visuelle.

En pratique, nous avons démontré qu'il est possible d'atténuer dans une certaine mesure ces inversions d'éclat, quand les contrastes ne sont pas trop violents : mais cela devient impossible quand la coloration du sujet a une grande importance, comme pour des reproductions de tableaux, de fleurs, de sujets d'histoire naturelle, etc.

On a donc cherché à modifier les procédés courants de la photographie pour se rapprocher le plus possible d'un *orthochromatisme* ou *isochromatisme* parfait. Cela est d'ailleurs absolument indispensable quand on veut reproduire les couleurs par la méthode interférentielle de M. Lippmann.

La théorie de l'isochromatisme est extrêmement complexe et touche aux questions délicates d'analyse de la lumière ; nous ne pouvons aborder ce sujet et ne devons examiner ici que le côté pratique de la méthode, au point de vue des modifications qu'elle apporte au calcul du temps de pose, tel qu'il a été étudié pour la photographie ordinaire. Le lecteur désireux d'approfondir cette question, encore très nouvelle mais appelée à prendre une importance capitale dans l'avenir, devra se reporter aux travaux spéciaux de MM. Vogel, Eder et Valenta, Vidal, Mathet, etc.

Les rayons du spectre agissant différemment sur une substance donnée, exigent des temps de pose différents ; si on peut, par un moyen quelconque, arrêter une partie des plus actifs ou rendre la substance moins impressionnable pour ces rayons, les autres gagneront en activité relative et le temps de pose sera plus uniforme.

Quand le sujet ne se compose que de deux couleurs, il est assez facile d'arriver à les rendre sensiblement égales à ce point de vue ; mais on comprend que le problème devient beaucoup plus complexe quand la variété de tons est grande.

S'il s'agit de faire une reproduction polychrome sur un seul phototype, on fait agir successivement et pendant des temps inversement proportionnels à leur puissance actinique, chaque couleur ou groupe de radiations en arrêtant toutes les autres, ainsi que l'a démontré M. Lippmann [1].

S'agit-il, au contraire, de faire une sélection complète de couleurs, en vue d'obtenir une série de phototypes différents recevant chacun l'action d'un groupe de radiations, comme le fait M. L. Vidal pour l'impression polychrome aux encres grasses ? On fait également agir séparément chacun de ces groupes de couleurs en arrêtant tous les autres, mais après chaque opération partielle on change la surface sensible [2]. Il est évident que ce procédé exige une fixité absolue de la chambre et un repérage parfait des divers clichés.

---

(1) *Comptes-rendus de l'Académie des Sciences*, 29 avril 1889.

(2) L. Vidal. — *Traité de photolithographie*, Gauthier-Villars, 1893. — *Manuel pratique d'orthochromatisme*, G. V. 1891.

On doit donc, pour arriver au résultat cherché, modifier, d'une part, la sensibilité moyenne ordinaire des préparations et, d'autre part, la valeur actinique chromatique des rayons lumineux. On y arrive en faisant varier la composition chimique des couches sensibles, et en interposant des écrans colorés sur le trajet des rayons actifs.

50. Couches sensibles isochromatiques. — M. Vogel a formulé le principe suivant [1], qui sert de base à la préparation des couches isochromatiques : Il est possible de rendre une plaque photographique sensible pour une région déterminée du spectre en mélangeant au bromure et à l'iodure d'argent une substance capable de se combiner au brôme et à l'iode et susceptible en même temps d'absorber cette radiation.

Les substances colorantes employées dans ce but sont généralement introduites dans l'émulsion de gélatino-bromure d'argent, au moment de la fabrication, d'après les méthodes brevetées par M. Attout-Taillefer.

Il est souvent commode de prendre les plaques ordinaires et de les tremper dans des dissolutions appropriées pour un usage déterminé.

---

(1) *Bulletin de la Société française de photographie*, 1874, p. 42.. — *Journal de physique de d'Almeida*, t. III, p. 324.

Le nombre des substances qu'on peut utiliser pour la préparation ou la modification du gélatino-bromure, pour le rendre isochromatique, est naturellement illimité, mais on emploie principalement des matières colorantes dérivées de la houille :

L'*éosine*, la *rhodanine* et, en général, tous les composés chimiques de ce groupe qui déplacent plus ou moins le maximum de sensibilité vers les rayons les moins réfrangibles du spectre. On peut ainsi atteindre le vert et même le jaune.

Ces produits sont les plus généralement employés pour les préparations isochromatiques usuelles ; puis viennent ensuite :

La *cyanine* qui augmente la sensibilité pour le rouge et l'orangé ; l'*érythrosine*, sensible au jaune ; et enfin, la *chrysaniline*, sensible au vert.

La sensibilité plus grande pour une couleur, ne peut être gagnée qu'en diminuant la sensibilité pour les autres radiations ; mais, en pratique, on arrive cependant assez bien à préparer des plaques dont la sensibilité moyenne n'est pas diminuée.

On trouve couramment dans le commerce des préparations isochromatiques se rapportant à deux groupes principaux :

1° Les plaques sensibles au *vert* et au *jaune* (série A de Lumière).

2° Les plaques sensibles au *jaune* et au *rouge* (série B de Lumière).

Les diverses préparations isochromatiques ne sont malheureusement pas très constantes ; il est prudent de faire des essais au moment de l'emploi, qu'il s'agisse de plaques préparées d'un seul coup par le procédé de M. Attout-Taillefer, ou bien de plaques ordinaires modifiées par immersion.

51. Écrans colorés. — Les écrans colorés, interposés sur le passage des rayons lumineux, sont de diverses matières : verre, gélatine ou liquides ; ils doivent, dans tous les cas, être parfaitement plans et il faut que la teinte choisie soit franche et obtenue sans mélange.

Les teintes les plus employées sont :

Le *jaune*, qui éteint le rayon allant du violet au bleu inclusivement ;

Le *vert*, qui arrête une partie des autres couleurs, est surtout utilisé pour augmenter la puissance actinique relative des grandes masses de verdure.

Le *rouge*, qui permet à cette couleur d'impressionner la plaque en arrêtant toutes les autres.

Pour la photographie microscopique isochromatique, M. Monpillard (1) emploie comme

---

(1) *Bulletin de la Société Française de photographie*, 1893, p. 241.

écran devant l'objectif une petite cuvette en verre blanc à faces parallèles, dans laquelle il met des dissolutions plus ou moins concentrées de chromate ou bichromate de potasse et d'érythrosine.

Ce procédé simple, qui peut être utilement généralisé pour tous les travaux photographiques de laboratoire, permet d'avoir sous la main une gamme pour ainsi dire illimitée d'opacités et de teintes.

52. Modifications du temps de pose par l'emploi des procédés isochromatiques. — L'emploi séparé ou simultané des couches isochromatiques et des écrans colorés ne peut guère donner, d'un seul coup, la correction que pour un groupe de radiations élémentaires. On a ainsi de bons résultats, mais il ne faut pas encore espérer obtenir couramment une bonne correction générale.

Si cet isochromatisme parfait existait, le coefficient de coloration serait le même pour toutes les parties du spectre et il n'y aurait plus à faire une différence entre la puissance actinique et la puissance photométrique de la lumière. Cette égalité n'existant pas, il y a lieu d'étudier, pour chaque cas particulier, les modifications à faire subir aux coefficients ordinaires du temps de pose.

On ne peut évidemment donner que des indications assez vagues afin de guider l'opérateur dans l'étude qu'il devra faire pour chacun de ces cas.

L'amateur n'utilisera guère au dehors que les glaces corrigées pour le jaune ou le vert (type A de Lumière).

Ces plaques employées seules n'amènent aucune modification au temps de pose quand on opère dans des conditions moyennes de coloration et d'éclairage ; mais si le sujet nécessite l'emploi d'un coefficient de coloration pour une des couleurs corrigées (jaune et vert), on peut en diminuer légèrement la valeur.

Mais, ces préparations sont surtout utilisées avec des écrans colorés et principalement des verres jaunes. Ceux-ci sont particulièrement recommandés toutes les fois que les rayons bleus et violets dominent, soit dans le sujet, soit dans l'éclairage.

Par exemple, au bord de la mer, pour les vues de neige et les glaciers ainsi que pour les lointains.

On fait généralement pour chaque écran un essai préalable afin de déterminer le coefficient d'augmentation de pose qu'il exige, en raison de son opacité et de sa coloration. Ce coefficient, gravé sur la monture, n'est pas absolu, il est naturellement variable et dépend de la coloration du sujet et de la lumière.

Pour un écran donné, le coefficient est d'autant plus faible que la couleur qu'il doit corriger a elle-même plus d'importance sur l'image. Toutes les autres conditions restant les mêmes.

Si, pour simplifier les calculs, on conserve au coefficient d'écran sa valeur moyenne propre, on modifie en sens inverse les coefficients de coloration et d'éclairage. En un mot, ceux-ci perdent d'autant plus de leur valeur que le procédé isochromatique employé est plus parfait.

En résumé, l'emploi de ces procédés est à recommander, mais à la condition de bien étudier toutes les conditions du problème et de ne rien laisser au hasard. L'usage mal raisonné des préparations isochromatiques et des écrans amène des surprises et peut, en somme, faire plus de mal que de bien. Aussi ne puis-je mieux terminer ce chapitre qu'en donnant, d'après M. Maurice Houdaille, les quelques conseils suivants :

Pour les objets éloignés, il n'y a plus de chromatisme à chercher, mais seulement des contrastes ; il faut alors employer des plaques lentes et un écran coloré jaune, augmentant la pose dans le rapport de 1 à 3.

Une plaque ordinaire avec écran jaune donne le même résultat isochromatique qu'une plaque Lumière A sans écran.

Une plaque ordinaire sur-exposée quatre fois

correspond à une plaque B exposée normalement (1).

Pour les lointains avec neige, l'emploi simultané des glaces A (sensibles au jaune et au vert) et d'un écran jaune de valeur au moins égale à 10 est recommandable. C'est ainsi que M. Vallot a obtenu de très jolies épreuves du Mont-Blanc (2).

---

(1) *Bulletin de la Société française de photographie*, 1893, p. 314.

(2) *Comptes-rendus de l'Académie des Sciences*, t. CXX, n° 9, 4 mars 1895.

PARTIE PRATIQUE

CHAPITRE IV

ÉTABLISSEMENT ET USAGE DES FORMULES ET DES TABLES

53. Résumé des principaux coefficients. — Avant de passer à l'application directe des principes étudiés dans la première partie de ce manuel, il est utile de rappeler très sommairement, quels sont les principaux coefficients qu'on aura généralement à employer.

Le tableau suivant indique pour chacun de ces coefficients : la notation adoptée et les renvois, d'une part, à la partie théorique et, d'autre part, aux tables qui donnent la valeur de chacun d'eux.

PRINCIPAUX COEFFICIENTS POUR LE CALCUL DU TEMPS DE POSE

Notations	Coefficients	Renvois	
		aux §§ de la partie théorique	aux tables
N	Coefficient *d'ouverture relative* ou de clarté	11	II
O	Coefficient relatif à la construction et au type *de l'objectif*	17	IV
Δ	Coefficient *de distance* prenant les deux formes suivantes :		
R	Coefficient *de rapprochement*, quand le sujet est situé *à moins* de cent fois la distance focale principale de l'objectif	16	III
E	Coefficient *d'éloignement*, quand le sujet est situé *à plus* de cent fois la distance focale principale . .	40	VI
W	Coefficient *de sensibilité*. .	23	V
H	Coefficient *horaire*. . . .	28-29	X-XI
n	Coefficient *atmosphérique* .	30	VII
C	Coefficient *de coloration* et *d'éclat*	38	VIII

Les nombres donnés pour les divers coefficients n'ont qu'une valeur relative ; pour les utiliser, il est nécessaire de partir d'une base absolue que nous allons déterminer.

Mais, on a vu combien sont multiples les causes capables de modifier le temps de pose; les coefficients sont modifiables les uns par rapport aux autres, et, pour être exact, il faudrait, dans chaque cas particulier, faire une analyse minutieuse de toutes les conditions du problème. Une formule complète du temps de pose est donc impossible à établir en théorie.

Si donc, dans ce qui va suivre, j'ai été conduit à employer des expressions certainement trop précises, telles que *temps de pose unité*, *formule complète*, etc., il ne faut y voir qu'une simplification pratique du problème sans aucune prétention à l'absolu.

L'application raisonnée des données ainsi exposées permettra cependant, dans la plupart des cas, d'obtenir les meilleurs résultats.

54. Temps de pose unité. — J'appelle *temps de pose unité t* le temps nécessaire pour obtenir un bon phototype d'un sujet situé à la distance unité (§ **15**), et de couleur moyenne (§ **38**), sur une plaque au gélatino-bromure marquant le n° 25 au sensitomètre de Warnerke, avec un objectif de combinaison double et d'angle moyen, diaphragmé au $\frac{1}{10}$, en plein soleil le 21 juin à midi.

Dans ces conditions, c'est-à-dire tous les coefficients étant égaux à l'unité, j'admets ([1]) :

$$t = 0^{sec},05.$$

55. Formules générales. — Dans les cas ordinaires de photographie en plein air le temps de pose T est donné par la formule :

$$T = t \times N \times O \times \Delta \times W \times H \times n \times C.$$

Le coefficient de distance Δ prend la forme R pour les sujets situés *en deçà* de l'*infini pratique* (§ **15**) soit à moins de 100 fois la distance focale principale de l'objectif. Le rapport r de l'image à l'objet étant plus grand que $\frac{1}{100}$.

Lorsque le sujet est situé *au-delà* de cette distance, le coefficient Δ devient E.

Pour les sujets à l'intérieur (§ **43**), le temps de pose T est d'abord calculé comme ci-dessus et le résultat définitif est donné par la formule :

$$T_i = \frac{T \times 6,28 \times D^2}{S}$$

dans laquelle D représente la distance moyenne

([1]) Il s'agit ici des glaces extra-rapides actuelles développées avec le bain dit « normal » (§ **62**). Le chiffre donné peut donc subir d'importantes modifications par suite des progrès de la fabrication des émulsions.

des ouvertures au sujet, et S la surface de ces ouvertures.

Pour les sujets en plein air, mais incomplètement éclairés tels que : *rues étroites*, *excavations*, *chemins creux*, etc. (§ **44**), *dessous de bois* (§ **45**), la formule d'intérieur ne peut-être appliquée exactement, puisque l'on ne connait pas les dimensions ni la distance des ouvertures. On se contente alors de multiplier le temps de pose T par un coefficient spécial relatif à la diminution de l'éclairage complet. On doit faire une évaluation d'après les principes énoncés dans la partie théorique (§§ **42** et suiv.).

Nous ne parlons ici que des sujets fixes photographiés avec des appareils et des produits ordinaires ; il est bien entendu que pour tous les cas spéciaux, le problème est infiniment plus compliqué ; il est indispensable de se reporter pour chacun aux données exposées dans la première partie du manuel.

Même réduit aux limites de calcul les plus élémentaires et en admettant que tous les coefficients de la formule générale soient bien déterminés, le résultat est encore assez long à obtenir et peut prendre, au moment de l'exposition, un temps précieux.

On doit donc réduire ce calcul à sa plus simple expression. Cela est très facile, par l'emploi des tables préparées à l'avance et donnant, pour chacune des combinaisons optiques dont on dispose, le temps de pose absolu en tenant compte des coefficients les plus indispensables et les plus compliqués.

Chaque opérateur peut dresser d'après ce principe des tableaux s'appliquant aux travaux courants qu'il a à exécuter. On groupe ainsi, suivant les cas, tels ou tels coëfficients.

Les tables dont nous allons parler sont établies pour les cas les plus usuels, en prenant pour base les coefficients de distance R et E. On a vu (§§ **37** et suivants) que je préfère cette méthode à celle qui consiste à dresser des tables en partant du coefficient intrinsèque de coloration et d'éclat du sujet. Ce système donne lieu à des erreurs souvent graves, par suite d'une mauvaise interprétation des types choisis. Je réserve cette méthode pour certains cas spéciaux et pour un petit nombre de sujets nettement déterminés.

56. Courbes et tables des coefficients horaires. — La table IX, établie d'après les principes étudiés dans les §§ **28** et **29**, donne pour un certain nombre d'inclinaisons du soleil au-dessus de l'horizon : la longueur d'ombre d'une ligne verticale d'un mètre, et les coefficients de pose correspondants, du plein soleil et de la lumière diffuse.

Les courbes de la table graphique X, dressées

d'après les mêmes principes que la table précédente et en se servant des tables astronomiques, donnent, pour la latitude moyenne de la France et pour le 21 de chaque mois, les coefficients H d'éclairage solaire à n'importe quelle heure [1] de la journée.

Les coefficients sont inscrits en ordonnées et les heures en abscisses.

Les courbes *pleines* se rapportent à l'éclairage du *plein soleil* et les courbes ponctuées à la *lumière diffuse.*

Les coefficients du plein soleil sont applicables exclusivement quand le sujet en reçoit les rayons directs.

Les coefficients de la lumière diffuse sont applicables, toutes les fois que le sujet est complètement à l'ombre, le soleil brillant de tout son éclat sur le ciel, et lorsque la lumière de cet astre est réellement diffusée au sens propre du mot (§ **29**).

Avec ces courbes, il est facile de déterminer, par interpolation, la valeur du coefficient horaire pour une date quelconque comprise entre deux courbes consécutives. La lecture est des plus simples et très rapide, mais pour les personnes

---

[1] Il est important de noter qu'il s'agit ici de l'heure vraie du lieu. L'emploi fautif de l'heure unifiée conduirait, en certains points, à des erreurs assez graves, surtout au commencement et à la fin du jour.

peu familiarisées avec les représentations graphiques, j'ai dressé la table XI, d'après les courbes, en arrondissant les nombres à la première décimale.

Dans cette table, on trouve les coefficients cherchés de dix jours en dix jours et de demi-heure en demi-heure.

Les chiffres supérieurs se rapportent au plein soleil et les chiffres inférieurs à la lumière diffuse.

Le tableau est à quadruple entrée; les dates sont inscrites dans les colonnes verticales à gauche et à droite, et les heures dans les colonnes horizontales du haut et du bas. Chacun des nombres se rapporte donc à deux dates et à deux heures différentes, correspondant à des inclinaisons pratiquement équivalentes du soleil. Par exemple, les nombres 1,9 et 3,9 sont les coefficients respectifs du plein soleil et de la lumière diffuse, le 1er septembre à huit heures trente du matin et le 10 avril à trois heures trente du soir.

Pour se servir rapidement de cette table, il faut chercher d'abord la date, puis l'heure en parcourant des yeux le cadre, dans le sens des aiguilles d'une horloge. Le coefficient cherché est trouvé à l'intersection de la ligne horizontale et de la ligne verticale ainsi déterminées.

57. Table spéciale pour chaque objectif. — La table XII, dressée comme exemple, donne le produit des coefficients N.O.Δ par le temps de pose unité *t*.

L'objectif pris comme type est un symétrique d'angle moyen, ayant une distance focale principale de $0^m,200$ et un coefficient d'ouverture utile de 1,1. Les diaphragmes sont gradués suivant l'échelle du congrès.

Le temps de pose est donné pour des plaques extra-rapides : $W = 1$.

La table est établie à double entrée. Sur les lignes horizontales du haut, on a : à gauche, les distances au-delà de l'unité (§ **15**), c'est-à-dire pour des échelles de réduction r plus petites que $\frac{1}{100}$ et à droite les distances plus rapprochées pour des échelles supérieures à $\frac{1}{100}$.

Dans les colonnes verticales de gauche, on a les *coefficients de clarté*, c'est-à-dire les numéros des diaphragmes en regard des ouvertures relatives.

Une simple lecture donne pour un diaphragme et une distance donnés le temps de pose cherché.

Les nombres en caractères gras, disposés horizontalement et verticalement, donnent les temps de pose, d'une part, pour toutes les distances avec le diaphragme unité; et, d'autre part, pour tous les diaphragmes à la distance unité.

On doit remarquer que les nombres relatifs aux distances approximatives supérieures à l'unité et inscrits dans la partie gauche du tableau, déterminés au moyen du coefficient empirique d'éloignement E (§ **40** et table VI), sont applicables à tous les objectifs du même type O mais de longueurs focales différentes.

Au contraire, les nombres de la partie droite, calculés d'après le coefficient mathématique de rapprochement R (§ **16** et table III), se rapportent à l'échelle r inscrite dans la deuxième colonne horizontale. Les distances indiquées sont, dans ce cas, spéciales à l'objectif considéré [1].

Une table de ce genre doit être dressée pour chacun des objectifs qu'on a à employer, en tenant compte du changement de valeur relative des diaphragmes quand on les emploie pour des combinaisons optiques différentes comme dans les trousses ou lorsque, tout simplement, on dédouble un objectif (§ **18**).

58. Détermination du temps de pose. — Le photographe, connaissant toutes les données du problème, détermine le temps de pose en se

---

[1] Si donc on ne tient compte que de l'échelle r, la table devient applicable à tous les objectifs du même type.

servant des tables et en procédant dans l'ordre suivant :

On apprécie avant tout la distance du sujet d'après les indications du § **41**, en prenant, dans le cas de sujets qui présentent des plans différents, soit la distance moyenne si on veut une vue d'ensemble, soit la distance propre d'une partie plus spécialement intéressante. Le *coefficient de distance* Δ étant ainsi déterminé approximativement, on lit, sur la table spéciale XII, le temps de pose correspondant au diaphragme employé et on le multiplie mentalement par le coefficient horaire.

Lorsque le sujet est situé en partie à l'ombre et en partie en pleine lumière, on évalue l'importance relative de ces deux éclairages et on adopte pour *coefficient horaire* un nombre intermédiaire entre ceux que donne la table pour ces deux intensités.

Le résultat ainsi obtenu est, dans la plupart des cas, suffisant ; les autres coefficients étant souvent égaux à l'unité. Toutes les fois qu'il y a lieu d'appliquer tout ou partie de ceux-ci, on doit être bien pénétré des principes énoncés pour chacun d'eux, dans la partie théorique du manuel. Il est inutile d'y revenir ici, je rappellerai seulement brièvement quelques observations importantes.

Le *coefficient atmosphérique* n dépendant

de l'état très variable de la transparence de l'air, doit être déterminé au dernier moment pour l'instant précis de la pose.

Le *coefficient de coloration et d'éclat* a une importance variable suivant le but à atteindre. Si le sujet est monochrome, il doit être appliqué intégralement ; si on est, au contraire, en présence d'une gamme plus ou moins complète de couleurs, il faut choisir le coefficient moyen, d'après l'importance relative des parties diversement colorées.

La coloration ne doit jamais être négligée pour les sujets rapprochés ; mais au-delà de la distance unité, ce coefficient perd de sa valeur et devient inutile à partir de 500 mètres. L'influence de la coloration est d'autant plus faible que l'éloignement est plus grand. Ce n'est que dans les cas de lointains neigeux qu'on peut faire intervenir le coefficient d'éclat : 0,5.

Le résultat final dépend, en grande partie, de la détermination judicieuse de la valeur relative des deux coefficients de coloration et d'éloignement. Les problèmes qui peuvent se présenter sont variés à l'infini, mais on arrivera aisément à les résoudre en appliquant avec soin les principes du § **41**.

L'application du *coefficient de sensibilité* est simple ; on ne devra pas, cependant, perdre de vue que la sensibilité relative décroît quand l'éclairage est plus faible.

Pour toutes les photographies à l'*intérieur*, dans des *espaces incomplètement éclairés*, on doit aussi se reporter à la partie théorique, chaque cas demandant une étude un peu délicate.

Il en est de même pour tous les procédés spéciaux : emploi des *bonnettes*, du *téléobjectif*, *photographie sans objectif*, *isochromatisme*, *éclairages artificiels*, etc.

Pour les *sujets en mouvement*, on détermine, d'une part, le temps de pose par la méthode ordinaire, comme s'ils étaient immobiles, et, d'autre part, le temps de pose limite d'après le § **48** et la table XIII. Le plus faible des deux doit naturellement être choisi.

On se contente souvent de consulter la table des vitesses en admettant qu'il y a toujours sous-exposition pour ces sortes de sujets ; c'est une erreur, surtout quand on emploie des objectifs très lumineux en plein été.

CHAPITRE V

DÉBOUCHAGE DE L'OBJECTIF

59. Obturateurs. — Le temps de pose étant définitivement déterminé, il faut l'appliquer aussi exactement que possible.

Lorsque la pose est au moins égale à une seconde, le problème est simple, le bouchon manœuvré doucement à la main donne toute satisfaction. Mais pour de plus petites expositions, il est indispensable d'avoir recours aux obturateurs mécaniques. Ceux-ci font d'ailleurs souvent partie de la monture de l'objectif [1].

---

[1] Pour les obturateurs montés entre les lentilles, il faut exiger un centrage parfait. Les tubes de construction sont souvent remplacés par des tubes spéciaux mal faits. Le constructeur de l'objectif devrait *seul* monter les obturateurs sur les instruments de valeur qu'il garantit.

Dans certains appareils, on supprime même le tube d'objectif pour placer l'obturateur, et on monte les deux groupes de lentilles sur deux platines assem-

Sans entrer ici dans de longs développements sur les obturateurs, il est cependant indispensable de faire quelques observations relatives au temps de pose. On se reportera, pour une étude complète de la question, aux ouvrages spéciaux et principalement à celui de M. Albert Londe [1].

Quel que soit le procédé employé, le débouchage d'un objectif comprend trois périodes distinctes : la première, pendant laquelle l'élément obturant, lamelle ou bouchon, découvre progressivement l'ouverture ; la seconde, pendant laquelle cette ouverture est démasquée en grand et enfin la troisième qui est l'inverse de la première et qui correspond à la fermeture plus ou moins rapide.

Les deux périodes extrêmes doivent être aussi courtes que possible par rapport à la seconde.

Lorsqu'il s'agit de poses longues, cette condition est toujours facile à remplir, qu'on opère à la main ou mécaniquement. Mais, pour des fractions de seconde, le problème devient très difficile.

---

blées par des vis. Le centrage est alors bien difficile à obtenir ; pour des anastigmats non symétriques, cela peut être très grave, si grave, même, que, pour ces objectifs, M. Wallon pense qu'il serait peut-être plus prudent de renoncer aux avantages que procure l'obturateur central.

[1] ALBERT LONDE. — *La photographie instantanée.* 2e édition, Paris, Gauthier-Villars et fils, 1890.

Les obturateurs mécaniques, de types très variés, sont placés soit entre les lentilles, contre les diaphragmes, soit en dehors de l'objectif, en avant ou en arrière.

Quand les deux périodes d'ouverture et de fermeture sont très courtes relativement à la période principale, la position de l'obturateur a peu d'importance ; mais si, comme cela est le cas général, il en est autrement, cette position doit être envisagée.

M. Martin a démontré [1], que l'obturateur doit être contre le diaphragme, au point de croisement des rayons optiques.

Si l'obturateur est en avant ou en arrière de cette position, toutes les parties du sujet n'envoient pas en même temps des rayons lumineux sur la plaque sensible. Dans le cas d'une lame de guillotine placée en avant, par exemple, les points hauts du sujet sont démasqués avant ceux de la base et sont aussi cachés les premiers. Si cette guillotine agit en arrière, la base posera la première, etc.

Dans les deux cas, la durée de la pose est plus courte, pour chacun des points de l'image, que la période comprise entre le commencement du débouchage et la fermeture définitive.

---

(1) *Bulletin de la Société française de photographie*, octobre 1883, p. 254.

La lame percée peut être placée très loin de l'objectif; dans les *obturateurs de plaque*, elle se meut contre la surface sensible. On peut, de cette façon, diminuer beaucoup la durée de la pose indépendamment de la vitesse, en réduisant la largeur de la fente (1).

Dans ce système, les diverses parties de l'image se forment successivement sur la plaque sensible. La durée de la pose de chacune d'elles est beaucoup plus faible que la durée totale du fonctionnement du volet.

Les obturateurs placés contre le diaphragme, appelés *centraux* (2), permettent à tous les points du sujet d'envoyer sur la plaque un petit nombre de rayons, dès que le débouchage commence et tant qu'il n'y a pas obturation complète.

L'obturateur agit comme un diaphragme dont le diamètre augmente et diminue pendant toute la durée de la pose.

---

(1) Ces obturateurs permettent seuls d'avoir des poses très courtes, inférieures même au $\frac{1}{1\,000}$ de seconde. Ils déforment un peu l'image des sujets en mouvement, mais donnent souvent une bonne solution de bien des problèmes. On ne les utilise pas assez en France.

(2) Cette désignation n'est juste que pour les objectifs doubles, mais un obturateur placé contre le diaphragme d'un objectif simple appartient au même type et a les mêmes propriétés.

Avec ces divers instruments, il est relativement aisé de déterminer la durée totale de la pose, c'est-à-dire le temps compris entre l'ouverture et la fermeture ; mais le temps de pose réel est des plus difficiles à calculer.

Avec un obturateur central, toutes les parties de l'image sont bien impressionnées pendant le même temps, mais par suite de l'ouverture et de la fermeture progressives, le coefficient de clarté de l'objectif varie, tant que l'ouverture de l'obturateur est plus petite que celle du diaphragme employé.

On peut donc conclure de là que, pour simplifier le calcul du temps de pose d'un obturateur central, il y a intérêt à augmenter la vitesse et à avoir une ouverture aussi grande que possible pour que le diaphragme employé soit entièrement démasqué pendant la plus grande partie de l'exposition.

Malheureusement l'opérateur et surtout l'amateur sont souvent obligés de se contenter d'obturateurs assez simples ne répondant qu'imparfaitement aux meilleures conditions ; mais il faut toujours analyser le fonctionnement de l'appareil qu'on a entre les mains. A quoi bon, en effet, calculer avec soin le temps de pose, si l'obturateur qu'on emploie ne peut le donner d'une façon au moins approchée ?

Le calcul et la détermination expérimentale

de la *vitesse* et du *coefficient d'utilisation* des obturateurs ont été l'objet de nombreux travaux qu'on consultera utilement. Il faut citer principalement ceux de MM. Champion et Pellet, Janssen, Jubert, Éder, le général Sébert, L. Vidal, de la Baume-Pluvinel, Albert Londe, Houdaille et Colson [1].

---

[1] Champion et Pellet. — *Bulletin de la Société Française de photographie*, 1874.

Janssen. — *Annuaire du bureau des longitudes*, 1874.

Jubert. — *Bulletin de la Société Française de photographie*, 1880.

Éder. — *Bulletin de l'Association Belge de photographie*, 1882.

Général Sébert. — *Bulletin de la Société Française de photographie*, 1882-1883.

L. Vidal. — *Bulletin de la Société Française de photographie*, 1883.

De la Baume-Pluvinel. — *Congrès international de photographie*, 1889.

Albert Londe. — Ouvrage cité.

Houdaille. — *Bulletin de la Société Française de photographie*, 1894.

Colson. — *Bulletin de la Société Française de photographie*, 1894.

Colson. — *Annuaire de la photographie*. Paris, Plon et Nourrit, 1895.

CHAPITRE VI

APPAREILS A MAIN

60. Généralités. — L'emploi des appareils à main complique la détermination juste du temps de pose, quand on tient, bien entendu, à obtenir un aussi bon résultat qu'avec un instrument ordinaire.

Quel que soit le sujet, fixe ou mobile, la pose est forcément très courte, l'opérateur pouvant remuer pendant l'opération. Il y a donc de ce fait un nouvel élément de perturbation, et un coefficient pour ainsi dire personnel. Si certaines personnes exercées arrivent à poser à la main pendant une seconde sans bouger ; on peut admettre en pratique que l'immobilité ne dépasse pas une demi-seconde. Ce temps est donc la limite de pose spéciale à ces appareils.

Le problème est analogue à celui de la photographie des sujets en mouvement, mais avec une nouvelle limite de la durée de l'exposition. On fait d'abord le calcul ordinaire, on consulte la table des sujets en mouvement, s'il y a lieu, et on applique celui des deux temps de pose qui est le plus court (§ 59), s'il est lui-même inférieur à une demi-seconde. Si non, on pose ce temps limite ([1]).

Pour les appareils de peu de valeur, il n'y a rien de particulier à dire, le temps de pose donné est toujours trop faible, si l'ouverture relative de l'objectif est réglée pour obtenir une mise au point suffisante.

Avec un excellent objectif à grande ouverture, il n'en est pas ainsi; il suffit de consulter le tableau XII pour voir que le temps de pose normal est en pleine lumière, inférieur à $0^s,04$ avec un objectif $\frac{F}{8}$, pour tous les sujets situés à plus de 100 longueurs focales principales, c'est-à-dire dans la plupart des cas quand on emploie de petits appareils.

Il faut alors augmenter la vitesse de l'obturateur ou diminuer l'éclairage en modifiant l'ouverture relative. Toutes les fois qu'on le peut, on fait varier la vitesse. Mais, comme beaucoup

---

([1]) On admet ici que l'obturateur peut donner assez exactement cette pose; beaucoup d'appareils n'ont qu'une vitesse donnant une pose plus faible; c'est alors celle-ci qui est forcément considérée comme limite.

d'appareils à main, même des mieux construits, n'ont que deux ou trois vitesses et quelquefois qu'une seule, ce sont les diaphragmes qui peuvent varier (1).

Il ne faut pas d'ailleurs oublier que ces appareils sont essentiellement destinés à saisir des sujets rapidement entrevus, sans chercher à obtenir des épreuves parfaites. Le temps de pose est toujours donné approximativement; il faut se contenter de ne pas dépasser le temps normal et, dans les cas de sous-exposition, d'en connaître la valeur pour conduire le développement en conséquence.

61. Table spéciale. — Pour guider les amateurs dans cette voie et à titre d'exemple, j'ai dressé une table spéciale (XIV) pour un appareil 6 1/2 × 9 muni d'un objectif de $0^m,110$ de longueur focale. L'obturateur donne 6 poses variant de $0^s,01$ à $0^s,5$ et le diaphragme iris est gradué en millimètres ou d'après l'échelle du Congrès.

La table donne, pour un certain nombre de temps de pose normaux et pour les diverses vi-

(1) Avec un objectif couvrant à toute ouverture la plaque employée, je recommande aussi, dans ce cas, de modifier l'action trop intense de la lumière au moyen d'écrans jaunes de faible intensité. On corrige ainsi parfaitement les effets trop lumineux des sujets un peu éloignés. Les résultats sont préférables à ceux qu'on obtient avec de petits diaphragmes.

tesses de l'obturateur, le numéro du diaphragme et son diamètre en millimètres ([2]).

Un sujet étant donné, on commence par calculer le temps de pose normal pour l'ouverture relative unité $\frac{F}{10}$ en tenant compte de tous les coefficients. On cherche dans la colonne verticale de gauche de la table le nombre ainsi obtenu ou celui qui s'en rapproche le plus ; on suit horizontalement jusqu'à l'intersection avec la colonne verticale correspondant à une vitesse donnée de l'obturateur, on trouve ainsi le numéro et le diamètre du diaphragme à employer.

Pour les sujets fixes bien éclairés, on peut généralement choisir entre plusieurs solutions ; on prend celle qui correspond à la plus grande vitesse.

Pour les sujets en mouvement, il faut naturellement calculer le temps de pose limite. On cherche la solution, exclusivement dans la colonne verticale correspondant à la vitesse d'obturateur donnant ce temps de pose limite. On s'arrête à la rencontre de la ligne horizontale du temps normal. Si la table ne donne en ce point aucun nombre, on doit opérer à toute ouverture, sans changer la vitesse.

Dans ce cas, il y a sous-exposition, mais la

([1]) La table donne le diamètre réel, il est inutile de tenir compte ici du coefficient d'ouverture utile.

table en donne la valeur. Il suffit, pour cela, de lire le temps normal correspondant au dernier nombre de la colonne verticale considérée : le rapport entre ce nombre et le temps normal calculé pour le sujet exprime la valeur de la sous-exposition. Cette donnée est alors très précieuse pour la conduite du développement.

Chaque amateur, opérant avec un appareil à main, peut dresser une table analogue en remplaçant, s'il y a lieu, les vitesses d'obturateur par les numéros plus ou moins arbitraires qui les désignent.

CHAPITRE VII

DÉVELOPPEMENT

62. Développement normal. — On a vu (§ **1**) que je ne fais pas intervenir l'énergie du révélateur dans la détermination du temps de pose. Tous les calculs sont faits pour donner de bons phototypes avec des bains lents constants dits « normaux ». Ceux-ci, employés neufs à une température de 15°, doivent produire le développement complet en 10 ou 15 minutes, quand la pose est juste.

Je donne donc, à titre d'indication, deux formules de bains de développement qui m'ont toujours satisfait; mais sans pour cela vouloir les recommander spécialement. On sait que, dans l'espèce, chacun a quelques révélateurs préférés. Il faut seulement insister sur la constance d'énergie que doit avoir le bain normalement employé pour les phototypes bien posés.

63. Révélateur au fer :

Oxalate neutre de potasse à 30 % .	100 parties
Sulfate de fer à 30 %	25 //
Bromure de potassium à 10 % . .	0,5 //

64. Révélateur au paramidophénol :

Sulfite de soude à 20 % .	1 000 grammes
Paramidophénol	3 //
Lithine caustique. . . .	2 //

TABLES

TABLE I

NOTATIONS ET FORMULES DU TEMPS DE POSE

Symboles	Désignation des notations
F	Distance focale principale de l'objectif.
d	Diamètre d'ouverture utile de l'objectif.
r	Rapport de l'image à l'objet.
T	Temps de pose normal.
t	Temps de pose unité.
N	Coefficient de clarté. N° du diaphragme.
O	// relatif au type de l'objectif.
R	// de rapprochement.
E	// d'éloignement.
W	// de sensibilité.
H	// horaire.
n	// atmosphérique. Nébulosité.
C	// de coloration et d'éclat.
D	Distance de l'ouverture (intérieur).
S	Surface de l'ouverture (//).
T_i	Temps de pose (//).

$t = 0^s,05 \qquad N = \left(\frac{F}{10d}\right)^2 \qquad R = (1 + r)^2$

(1) $r > \frac{1}{100}$. $T = 0^s,05 \times N \times O \times R \times W \times H \times n \times C$

(2) $r < \frac{1}{100}$. $T = 0^s,05 \times N \times O \times E \times W \times H \times n \times C$

$$T_i = \frac{T \times 6,28 \times D^2}{S}$$

TABLE II

COEFFICIENTS DE CLARTÉ

Concordance des principales graduations de diaphragmes

N (§§ **10-14**)

Ouverture du diaphragme	Numéro du congrès N	U.S.N. de la Grande-Bretagne (1)	Numéro de la série Zeiss	Numéro de la série Dallmeyer Stolze
F/3,16	0,1			1
F/4	0,16	1		
F/4,4	0,19		512	
F/5	0,25			
F/5,5	0,3			3
F/5,65	0,32	2		
F/6,25	0,39		256	
F/6,9	0,48	3		
F/7,07	0,5			
F/7,22	0,52		192	
F/7,7	0,6			6
F/8	0,64	4		
F/8,66	0,75			
F/8,8	0,78		128	
F/9,5	0,9			9
F/10	**1**	**6,25**	**100**	**10**
F/11	1,2			12
F/11,3	1,28	8		
F/12,5	1,56		64	
F/14,14	2			
F/15,5	2,4			24
F/16	2,56	16		
F/17,3	3			
F/17,7	3,13		32	
F/20	4			
F/22	4,8			48

(1) Le coefficient de clarté de cette série est calculé d'après l'ouverture réelle.

TABLE II (*suite*)

COEFFICIENTS DE CLARTÉ

Concordance des principales graduations de diaphragmes

N (§§ 10-14)

Ouverture du diaphragme	Numéro du congrès N	U.S.N. de la Grande-Bretagne (1)	Numéro de la série Zeiss	Numéro de la série Dallmeyer Stolze
F/22,36	5			
F/22,6	5,12	32		
F/24,5	6			
F/25	6,25		16	
F/26,4	7			
F/27,7	7,7	48		
F/28,3	8			
F/30	9			
F/31	9,6			96
F/31,6	10			
F/32	10,24	64		
F/35,4	12,5		8	
F/40	16			
F/43,8	19,2			192
F/44,7	20			
F/45,2	20,5	128		
F/50	25		4	
F/54,7	30			
F/56,6	32			
F/62	38,4			384
F/63,25	40			
F/64	41	256		
F/70,7	50		2	
F/80	64			
F/100	100	625	1	1000

(1) Le coefficient de clarté de cette série est calculé d'après l'ouverture réelle.

TABLE III

COEFFICIENTS DE RAPPROCHEMENT

R (§ **16**)

Échelles		Distance de l'objet à l'objectif (Point nodal d'incidence)	Distance du verre dépoli à l'objectif (Point nodal d'émergence)	Coefficient de rapprochement $R = (1+r)^2$
		en fonction de la distance focale principale de l'objectif		
$\frac{1}{100}$ (unité)	**0,01**	**101**	**1,01**	**1** (1)
$\frac{1}{50}$	0,02	51	1,02	1,04
$\frac{1}{20}$	0,05	21	1,05	1,1
$\frac{1}{10}$	0,1	11	1,1	1,21
$\frac{1}{5}$	0,2	6	1,2	1,44
$\frac{1}{4}$	0,25	5	1,25	1,56
$\frac{1}{3}$	0,33	4	1,33	1,77
$\frac{1}{2}$	0,5	3	1,5	2,25
$\frac{1}{1}$	**1**	**2**	**2**	**4**
$\frac{2}{1}$	2	1,5	3	9
$\frac{3}{1}$	3	1,33	4	16
$\frac{4}{1}$	4	1,25	5	25
$\frac{5}{1}$	5	1,20	6	36
$\frac{10}{1}$	10	1,1	11	121

(1) Exactement 1,02.

TABLE IV

COEFFICIENTS MOYENS DE CONSTRUCTION DES OBJECTIFS

O (§ **17**)

Types	Angle	Coefficient
Objectif à deux groupes de lentilles : double, aplanat, symétrique, anastigmat, etc.	angle moyen	1
Objectif simple.		0,80
Objectif à deux groupes de lentilles : double, aplanat, etc.	grand angle	1,25
Objectif simple.		1

TABLE V

COEFFICIENTS DE SENSIBILITÉ

Échelle de Warnerke

W (§ **23**)

Numéro du sensitomètre	Coefficient	Numéro du sensitomètre	Coefficient	Numéro du sensitomètre	Coefficient
25	1	20	4,2	15	17,8
24	1,3	19	5,6	14	23,7
23	1,8	18	7,5	13	31,6
22	2,4	17	10	12	42,2
21	3,2	16	13,3	10	75

TABLE VI

COEFFICIENTS D'ÉLOIGNEMENT

E (§ 40)

Distance du sujet	Coefficient	Distance du sujet	Coefficient
200^{m}	0,9	3 000^{m}	0,2
500	0,75	5 000	
1 000	0,4	et au delà	0,1

TABLE VII

COEFFICIENTS ATMOSPHÉRIQUES ET DE NÉBULOSITÉ

n (§ 30)

État de l'atmosphère	Coefficient
Ciel bleu pur.	1
Ciel bleu pur après la pluie	0,9
Ciel bleu avec nuages blancs	0,8
Ciel bleu avec nuages blancs après la pluie.	0,7
Nuages gris faibles, léger brouillard . .	1,5
Nuages gris foncés, brouillard, brume colorée	2
Ciel très sombre.	4

TABLE VIII

COEFFICIENTS DE COLORATION

C (§ 38)

Teinte	Coefficient
Mélange de teintes moyennes très claires.	1
Blanc avec traits noirs	0,3
Blanc avec ombres.	0,5
Violet clair	0,6
Violet	2
Violet très foncé	5
Indigo	1
Bleu clair	0,6
Bleu	1
Bleu verdâtre	2
Vert clair	3
Vert feuille morte	4
Vert foncé.	5
Jaune clair.	3
Jaune foncé	5
Rose chair.	3
Rouge	5
Rouge foncé	6
Brun clair.	5
Brun foncé.	6
Gris très clair	2
Gris ardoise	4
Noir	10

TABLE IX

COEFFICIENTS D'ÉCLAIRAGE SUIVANT LA HAUTEUR DU SOLEIL AU DESSUS DE L'HORIZON

(§§ 28 et 29)

Hauteur angulaire du soleil	Cotangente (Longueur de l'ombre portée d'une verticale de 1 mètre)	Coefficients d'éclairage	
		plein soleil	lumière diffuse
90°	0	0,90	2,8
75	0m,268	0,94	2,9
65	**0, 466**	**1**	**3**
55	0, 700	1,10	3,1
50	0, 839	1,18	3,1
45	1, 000	1,28	3,2
40	1, 192	1,40	3,4
35	1, 428	1,58	3,5
30	1, 732	1,81	3,8
25	2, 145	2,15	4,1
20	2, 747	2,65	4,6
18	3, 077	3,00	4,9
16	3, 487	3,55	5,5
14	4, 010	4,30	6,1
12	4, 704	5,50	7,2
10	5, 671	8,00	9,4
9	6, 314	10,50	11,5
8	7, 115	13,50	14,0
7°30'	7, 596	15,00	15,0

TABLE X

COEFFICIENTS HORAIRES D'ÉCLAIRAGE POUR LE 21 DE CHAQUE MOIS

H (§ 56)

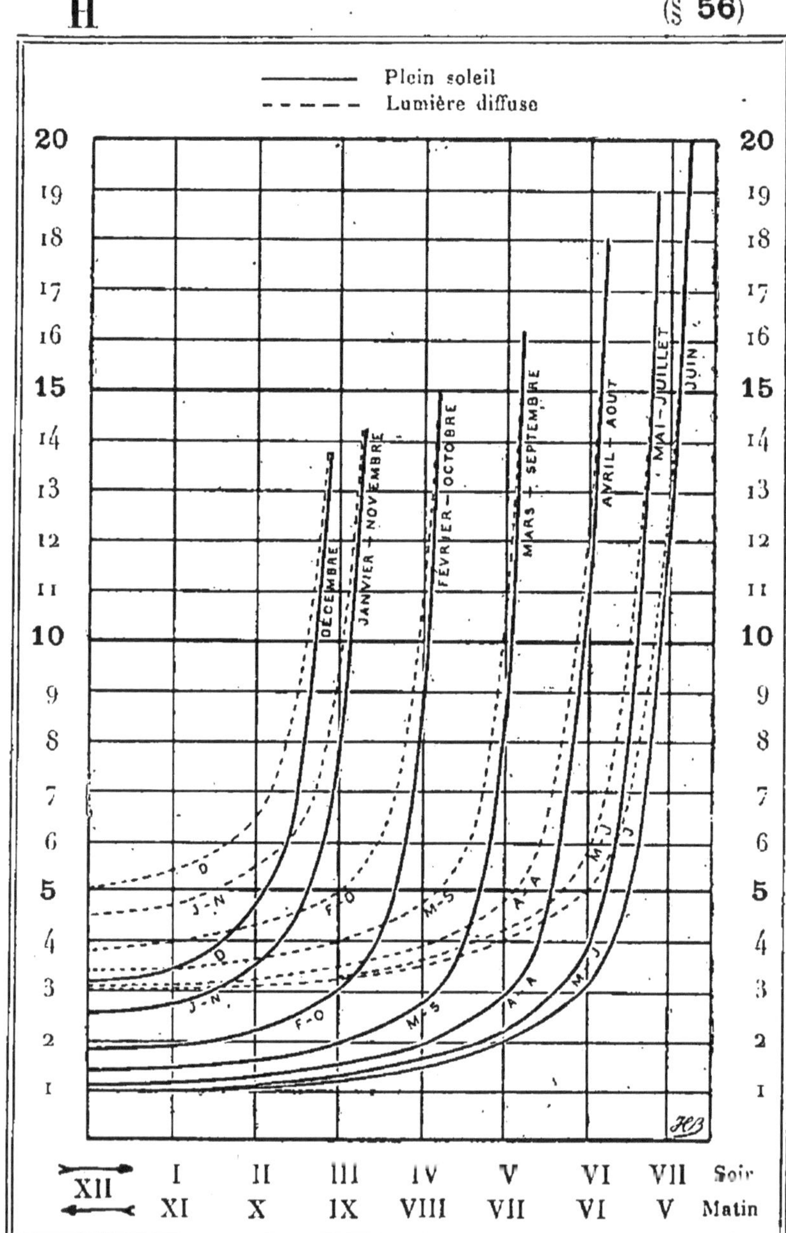

TABLE H

COEFFICIENTS HORAIRES

Les chiffres supérieurs
// inférieurs

Matin		5^h	5^h30	6^h	6^h30	7^h	7^h30	8^h	8^h30
Juin	21	12,2 13	5 6,8	3.1 5	2,4 4.4	2 4	1,7 3,7	1.5 3,5	1,3 3,3
	10	15 15	5,7 7,3	3,3 5,2	2,5 4,5	2 4	1.7 3,7	1.5 3.5	1.3 3,3
	1er	20 20	6,6 8,2	3,6 5.5	2,6 4.5	2,1 4.1	1,7 3,7	1,5 3.5	1,3 3,3
Mai	21		8 9,4	4 5.8	2,7 4,6	2,2 4,2	1,8 3,8	1,6 3,6	1,4 3,4
	10		12 13	6 7.6	3,2 5,1	2,4 4,4	2 4	1,7 3,7	1,5 3,5
	1er		20 20	7 8,5	3.7 5,6	2.7 4,6	2,2 4,2	1,8 3.8	1,6 3.6
Avril	21			11,3 12.2	4.5 6,3	2,9 4,8	2,4 4.4	1.9 3.9	1.7 3.7
	10				8 9.4	3,7 5,6	2,9 4,8	2.3 4.3	1.9 3.9
	1er				14 14,3	5 6,7	3,5 5,4	2,6 4,5	2,1 4.1
Mars	21					8,6 10	4 5,8	2,8 4,7	2.3 4.3
Soir		7^h	6^h30	6^h	5^h30	5^h	4^h30	4^h	3^h30

XI

D'ÉCLAIRAGE

s'appliquent au plein soleil

" à la lumière diffuse

(§ 56)

9^h	9^h30	10^h	10^h30	11^h	11^h30	Midi	Matin	
1,2 3,2	1,2 3,2	1,1 3,1	1 3	1 3	1 3	1 3	21	Juin
1,2 3,2	1,2 3,2	1,1 3,1	1 3	1 3	1 3	1 3	1er	Juillet
1,3 3,3	1,2 3,2	1,1 3,1	1,1 3,1	1 3	1 3	1 3	10	
1,3 3,2	1,2 3,2	1,1 3,1	1,1 3,1	1,1 3,1	1 3	1 3	21	
1,3 3,3	1,2 3,2	1,2 3,2	1,1 3,1	1,1 3,1	1,1 3,1	1,1 3,1	1er	Août
1,4 3,4	1,3 3,3	1,2 3,2	1,2 3,2	1,2 3,2	1,1 3,1	1,1 3,1	10	
1,5 3,5	1,4 3,4	1,3 3,3	1,2 3,2	1,2 3,2	1,1 3,1	1,1 3,1	21	
1,7 3,7	1,5 3,5	1,4 3,4	1,3 3,3	1,2 3,2	1,2 3,2	1,2 3,2	1er	Septembre
1,8 3,8	1,6 3,6	1,5 3,5	1,4 3,4	1,3 3,3	1,3 3,3	1,3 3,3	10	
2 4	1,7 3,7	1,6 3,6	1,5 3,5	1,4 3,4	1,4 3,4	1,4 3,4	21	
3^h	2^h30	2^h	1^h30	1^h	Midi 30	Midi	Soir	

TABLE

COEFFICIENTS HORAIRES

Les chiffres supérieurs
// inférieurs

H

Matin		5^{h}	$5^{h}30$	6^{h}	$6^{h}30$	7^{h}	$7^{h}30$	8^{h}	$8^{h}30$
Mars	21					8,6 10	4 5 8	2,8 4.7	2.3 4,3
	10					18 18	6,2 7,9	3,6 5,5	2,8 5,7
	1er						13 13,5	5 6,7	3,5 5.4
Février	21							10 11,3	4,2 6
	10							18 18	6 7,6
	1er								11 12
Janvier	21								
	10								
	1er								
Décbre	21								
Soir		7^{h}	$6^{h}30$	6^{h}	$5^{h}30$	5^{h}	$4^{h}30$	4^{h}	$3^{h}30$

XI (*suite*)

D'ÉCLAIRAGE

s'appliquent au plein soleil
 // à la lumière diffuse

(§ 56)

9h	9h30	10h	10h30	11h	11h30	Midi	Matin	
2 4	1,7 3,7	1,6 3.6	1,5 3,5	1.4 3.4	1.4 3.4	1.4 3.4	21	Septembre
2,3 4,3	2 4	1.8 3,8	1,7 3,7	1.6 3.6	1,5 3.5	1,5 3,5	1er	Octobre
2,7 4,6	2,3 4.3	2 1 4.1	1.9 3,9	1,8 3,8	1,7 3,7	1,6 3,6	10	Octobre
3,0 4,9	2.5 4.5	2.3 4.3	2,1 4,1	1.9 3.9	1,8 3,8	1.8 3,8	21	Octobre
3,9 5,8	3.1 5,0	2,7 4.6	2,4 4.4	2,2 4.2	2,1 4.1	2 4	1er	Novembre
5 6,8	3,8 5.7	3,2 5,1	2,7 4 6	2,5 4.5	2.4 4,4	2,3 4,3	10	Novembre
7,8 8.9	4,5 6,3	3.6 5,5	3 4.9	2.7 4.6	2.6 4.5	2.5 4,5	21	Novembre
9,2 10,4	5 6.8	4 5,8	3,3 5,2	3 4 9	2,8 4 7	2,7 4,6	1er	Décembre
13 13 5	5.8 7.4	4,4 6,2	3,7 5.6	3,2 5.1	3 4,9	2,9 4,8	10	Décembre
16 16	7 8,5	4.7 6,5	.4 5,8	3.4 5,3	3.2 5.1	3,1 5	21	Décembre
3h	2h30	2h	1h30	1h	Midi 30	Midi	Soir	

TABLE XII

iaphragme		$r < \frac{1}{100}$					$r = \frac{1}{100}$	$r > \frac{1}{100}$						
								$\frac{1}{20}$	$\frac{1}{10}$	$\frac{1}{5}$	$\frac{1}{4}$	$\frac{1}{2}$	$\frac{1}{1}$	$\frac{2}{1}$
du congrès	$\frac{F}{d}$	Distance en mètres du sujet à l'objectif												
		plus de 5000	3000	1000	500	200	**20,20**	4,20	2,20	1,20	1,00	0,60	0,40	0,30
,50	7,07	0,002	0,005	0,010	0,018	0,022	**0,025**	0,028	0,030	0,036	0,039	0,056	0,100	0,225
,75	8,65	0,004	0,007	0,015	0,027	0,033	**0,037**	0,041	0,045	0,055	0,058	0,085	0,150	0,337
1	**10**	**0,005**	**0,010**	**0,020**	**0,037**	**0,045**	**0s,050**	**0,055**	**0,060**	**0,072**	**0,078**	**0,112**	**0,200**	**0,450**
2	14,14	0,010	0,020	0,040	0,075	0,090	**0,100**	0,110	0,120	0,144	0,156	0,225	0,400	0,900
4	20	0,020	0,040	0,080	0,150	0,180	**0,200**	0,220	0,240	0,288	0,312	0,450	0,800	1,800
8	28,3	0,040	0,080	0,160	0,300	0,360	**0,400**	0,440	0,480	0,575	0,625	0,900	1,600	3,600
16	40	0,080	0,160	0,320	0,600	0,720	**0,800**	0,880	0,960	1,150	1,250	1,800	3,200	7,200
32	56,6	0,160	0,320	0,640	1,200	1,440	**1,600**	1,760	2,000	2,300	2,500	3,600	6,400	15,00

TABLE XIII

Distance du sujet en fonction de F	Vitesse de déplacement en kilomètres par heure												
	0,36	0,72	1.08	1,80	3,60	7,20	10,80	14,40	18,00	21,60	25,20	28,80	36,00
	Vitesse de déplacement en mètres par seconde												
	0,10	0,20	0,30	0,50	1	2	3	4	5	6	7	8	10
20	0,019	0,009	0,006										
50	0.049	0,025	0,016	0,010	0,005								
100	0,099	0,050	0,033	0,020	0,010	0,005							
200	0.199	0,100	0,066	0,040	0,020	0,010	0,007	0.005					
300	0,299	0,150	0,100	0,060	0,030	0,015	0,010	0,007	0,006	0.005			
400	0,399	0,200	0,133	0,080	0,040	0,020	0.013	0,010	0,008	0.007	0,006	0,005	
500	0.499	0,250	0,166	0,100	0,050	0.025	0,017	0,012	0,010	0,008	0,007	0,006	0,005
1000	0,999	0,500	0.333	0,200	0,100	0,050	0,033	0,025	0,020	0,017	0,014	0,012	0,010

Dressé d'après E Wallon. — *Choix et usage des objectifs.*

TABLE XIV

APPAREIL A MAIN

bjectif de 0^m^110 *de distance focale*

Diaphragme à employer en fonction

ps de pose normal et du temps de pose réel

:oefficient de clarté. | d = diamètre en millimètres.

(§ 57)

ps normal ndes	Diaphragme à employer											
	N	d	N	d	N	d	N	d	N	d	N	d
0,01	50	1,6	20	2,5	10	3,5	5	5	2	7,8	1	11
0,02	25	2,2	10	3,5	5	5	2,5	7	1	11	0,5	15,7
0,03	16,7	2,7	6,66	4,3	3,33	6	1,67	8.6	0,66	13.7		
0,05	10	3,5	4	5,5	2	7,8	1	11	0,4	17.5		
0,08	6,25	4,5	2,5	7	1,25	10	0,65	13,8				
0,10	5	5	2	7.8	1	11	0,5	15,7				
0,20	2,5	7	1	11	0,5	15,7						
0,30	1,67	8,6	0,66	13,7								
0,50	1	11	0,4	17,5								
0,80	0,62	14										
1,00	0,5	15,7										

BIBLIOGRAPHIE

—

Ouvrages généraux sur la photographie traitant de questions relatives au temps de pose.

ABNEY (Le capitaine). — *Cours de photographie.* Traduit de l'anglais par Léonce Rommelaere. 1 vol. Paris, Gauthier-Villars et fils, 1877.

AGLE. — *Manuel de photographie instantanée.* 1 vol. Paris, Gauthier-Villars et fils, 1887.

Annuaire général de la photographie. 4 vol. Paris, Plon, Nourrit et Cie, 1892-1895.

COLSON (le capitaine). — *La photographie sans objectif au moyen d'une petite ouverture.* 2e édit. 1 vol. Paris, Gauthier-Villars et fils.

Conférences publiques sur la photographie organisées en 1891-92 par le Dr du Conservatoire des Arts et Métiers. 1 vol. Paris.

Congrès international de photographie. 4 vol. Paris, Gauthier-Villars et fils, 1890 à 1892.

DAVANNE. — *La photographie. Traité théorique et pratique.* 2. vol. Paris, Gauthier-Villars et fils, 1886. Principalement le 1er volume.

EDER (le Dr J.-M.). — *La photographie instantanée, son application aux Arts et aux Sciences.* Traduction française de la 2e édition allemande, par O. Campo. 1 vol. 1888.

Eder (le Dr J.-M.). — *La photographie à la lumière du magnésium.* Ouvrage inédit, traduit de l'allemand par Henry Gauthier-Villars. 1 vol. Paris, 1890.

Fabre (C.). — *Traité encyclopédique de photographie* 4 vol. et 1 sup. Paris, Gauthiers-Villars et fils, 1889-92.

Fleury-Hermagis et Rossignol. — *Traité des excursions photographiques.* 3e édit. 1 vol. Paris, Société d'éditions scientifiques, 1890.

Fourtier (le commandant H.). *Les lumières artificielles en photographie.* 1 vol. Paris, Gauthier-Villars et fils, 1895.

Houdaille (le capitaine). — *Sur une méthode d'essai scientifique et pratique des objectifs photographiques et des instruments d'optique* (Mémoires du laboratoire d'essai de la Société française de photographie) 1 vol. Paris, 1894.

Londe (A.). — *La photographie instantanée théorique et pratique.* 2e édition, 1 vol. Paris, Gauthier-Villars et fils, 1890.

Londe (A.). — *La photographie moderne.* 2e édit. 1 vol. Paris, G. Masson, 1895.

Moessard (le commandant P.). — *Étude des lentilles et des objectifs photographiques au moyen de l'appareil dit « Le tourniquet ».* 1 vol. Paris, Gauthier-Villars et fils, 1889.

Monckhoven (Van). — *Traité général de photographie.* 8e édit. 1 vol. Paris, Gauthier-Villars et fils, 1889.

Radau (R.). — *Les radiations chimiques du soleil.* 1 vol. Paris, Gauthier-Villars et fils, 1877.

— *Actinométrie.* 1 vol. Paris, Gauthier-Villars, 1877.

Vidal (L.). — *Traité de photolithographie.* 1 vol. Paris, Gauthier-Villars et fils, 1893.

VIDAL (L.). — *Manuel pratique d'orthochromatisme.* 1 vol. Paris, Gauthier-Villars et fils, 1891.

VOGEL. — *La photographie des objets colorés avec leurs valeurs réelles.* Traduit de l'allemand par Henry Gauthier-Villars, 1 vol. Paris, 1887.

WALLON (E.). — *Traité élémentaire de l'objectif photographique.* 1 vol. Paris, Gauthier-Villars, et fils. 1891.

— *Choix et usage des objectifs photographiques* 1 vol. Encyclopédie scientifique des Aide-Mémoire dirigée par M. Léauté, membre de l'Institut. Paris, Gauthier-Villars et fils et G. Masson, 1893.

Ouvrages spéciaux sur le temps de pose.

CHAPEL d'ESPINASSOUX (G. de). — *Traité pratique de la détermination du temps de pose.* 1 vol. Paris, Gauthier-Villars et fils, 1890.

CLÉMENT (R.). — *Méthode pratique pour déterminer exactement le temps de pose en photographie,* 3e édit. 1 vol. Paris, Gauthier-Villars et fils, 1889.

LA BAUME-PLUVINEL (A. de). — *Le temps de pose,* 1 vol. Paris, Gauthier-Villars et fils, 1890.

VIDAL (L.). — *Calcul des temps de pose et tables photométriques.* 2e édit. 1 vol. Paris, Gauthier-Villars et fils, 1884.

TABLE DES MATIÈRES

—

PARTIE THÉORIQUE

CHAPITRE PREMIER

CHAPITRE II

CHAPITRE V

CHAPITRE VI

CHAPITRE VII

TABLES

ST-AMAND (CHER). IMPRIMERIE DESTENAY, BUSSIÈRE FRÈRES

OUVRAGES
SUR LES
SCIENCES MATHÉMATIQUES

COURS DE GÉOMÉTRIE ANALYTIQUE

à l'usage des élèves de la classe de Mathématiques spéciales et des Candidats aux Écoles du Gouvernement.

Par M. B. NIEWENGLOWSKI,

Ancien Professeur de Mathématiques spéciales au Lycée Louis-le-Grand, Inspecteur de l'Académie de Paris.

3 beaux volumes grand in-8, se vendant séparément.

TOME I : Sections coniques ; 1894 .... **10 fr.**

TOME II : Construction des courbes planes. Compléments relatifs aux coniques ; 1895 .... **8 fr.**

TOME III : Géométrie dans l'espace, avec une Note sur les transformations en Géométrie ; par E. BOREL. Prix pour les Souscripteurs .... **12 fr.**

Un fascicule (336 p.) a paru.

TRAITÉ DE MÉCANIQUE RATIONNELLE

(*Cours de la Faculté des Sciences*),

Par M. P. APPELL,

Membre de l'Institut, Professeur à la Faculté des Sciences.

3 volumes grand in-8, avec figures, se vendant séparément.

TOME I : Statique, Dynamique du point, avec 178 figures ; 1893 .... **16 fr.**

TOME II : Dynamique des systèmes, Mécanique analytique, avec figures ; 1895. Prix pour les souscripteurs .... **14 fr.**

Un premier fascicule (192 p.) a paru.

TOME III .... (*Sous presse.*)

THÉORIE DES FONCTIONS ALGÉBRIQUES
ET DE LEURS INTÉGRALES.

Étude des fonctions analytiques sur une surface de RIEMANN, Avec une Préface de M. HERMITE,

PAR

P. APPELL,
Membre de l'Institut, Professeur à la Faculté des Sciences,

Édouard GOURSAT,
Maître de Conférences à l'École normale supérieure.

Un beau volume grand in-8, avec figures ; 1895 .... **16 fr.**

ESSAI SUR LA PHILOSOPHIE DES SCIENCES

(*Analyse — Mécanique*),

Par M. Ch. DE FREYCINET, de l'Institut.

Un beau volume in-8 ; 1896 .... **6 fr.**

LEÇONS
SUR LA
THÉORIE GÉNÉRALE DES SURFACE
ET LES
APPLICATIONS GÉOMÉTRIQUES DU CALCUL INFINITÉSIMAL

Par M. G. DARBOUX,
Membre de l'Institut, Professeur à la Faculté des Sciences.

Ire PARTIE : Généralités.— Coordonnées curvilignes. Surfaces minima ; 1887. **15**

IIe PARTIE : Les congruences et les équations linéaires aux dérivées partielles. Des lignes tracées sur les surfaces ; 1889. **15**

IIIe PARTIE : Lignes géodésiques et courbure géodésique. Invariants différentie Déformation des surfaces ; 1894. . . . . **15**

IVe PARTIE : Déformation infiniment petite, représentation sphérique ; 1895. P pour les souscripteurs. **15**

Un premier fascicule (352 p.) a paru.

SUR L'ORIGINE DU MONDE
Théories cosmogoniques des anciens et des modernes,

Par M. H. FAYE,
Membre de l'Institut et du Bureau des Longitudes.

3e édition, revue et augmentée.

Un beau volume in-8, avec figures ; 1896. **6 f**

RECUEIL
DE
PROBLÈMES DE MATHÉMATIQUES
classés par divisions scientifiques, contenant les énoncés avec renvoi a solutions de tous les problèmes posés, depuis l'origine, dans divers jou naux : *Nouvelles Annales de Mathématiques. Journal de Mathématiqu élémentaires et de Mathématiques spéciales. Nouvelle correspondan mathématique. Mathesis ;*

Par M. C.-A. LAISANT, Docteur ès Sciences.

7 vol. in-8, se vendant séparément.

Classes de Mathématiques élémentaires.

TOME I : Arithmétique. Algèbre élémentaire. Trigonométrie ; 1893. . **2 fr. 50**

TOME II : Géométrie à deux dimensions. Géométrie à trois dimensions. Géomét descriptive ; 1893. **5 f**

Classes de Mathématiques spéciales.

TOME III : Algèbre. Théorie des nombres. Probabilités. Géométrie de situatio 1895. **6 f**

TOME IV : Géométrie analytique à deux dimensions (et Géométrie supérieure 1893. **6 fr. 50**

TOME V : Géométrie analytique à trois dimensions (et Géométrie supérieure 1893. **2 fr. 50**

TOME VI : Géométrie du triangle. (*Sous presse*

Licence ès Sciences mathématiques.

TOME VII : Calcul infinitésimal et calcul des fonctions. Mécanique. Astron mie. (*En préparation*

OUVRAGES
SUR LES
SCIENCES PHYSIQUES

COURS DE PHYSIQUE
DE L'ÉCOLE POLYTECHNIQUE

Par M. J. JAMIN.

QUATRIÈME ÉDITION, AUGMENTÉE ET ENTIÈREMENT REFONDUE

Par M. BOUTY,

Professeur à la Faculté des Sciences de Paris.

Quatre tomes in-8, de plus de 4000 pages, avec 1587 figures e 14 planches sur acier, dont 2 en couleur; 1885-1891. (OUVRAGE COMPLET)........................ **72 fr**

On vend séparément :

TOME I. — 9 fr.

(*) 1er fascicule. — *Instruments de mesure. Hydrostatique;* ave 150 figures et 1 planche.................... 5 fr

2e fascicule. — *Physique moléculaire;* avec 93 figures... 4 fr

TOME II. — CHALEUR. — 15 fr.

(*) 1er fascicule. — *Thermométrie, Dilatations;* avec 98 fig. 5 fr

(*) 2e fascicule. — *Calorimétrie;* avec 48 fig. et 2 planches... 5 fr

3e fascicule. — *Thermodynamique. Propagation de la chaleur;* avec 47 figures.................... 5 fr

TOME III. — ACOUSTIQUE; OPTIQUE. — 22 fr.

1er fascicule. — *Acoustique;* avec 123 figures............ 4 fr

(*) 2e fascicule. — *Optique géométrique;* avec 139 figures et 3 planches.................... 4 fr

3e fascicule. — *Étude des radiations lumineuses, chimique et calorifiques; Optique physique;* avec 249 fig. et 5 planches dont 2 planches de spectres en couleur................ 14 fr

TOME IV (1re Partie). — ÉLECTRICITÉ STATIQUE ET DYNAMIQUE. — 13 fr

1er fascicule. — *Gravitation universelle. Électricité statique* avec 155 figures et 1 planche.................... 7 fr

2e fascicule. — *La pile. Phénomènes électrothermiques e électrochimiques;* avec 161 figures et 1 planche........ 6 fr

(*) Les matières du programme d'admission à l'École Polytechnique sont comprise dans les parties suivantes de l'Ouvrage : Tome I, 1er fascicule; Tome II, 1er et 2e fascicules; Tome III, 2e fascicule.

TOME IV (2e Partie). — MAGNÉTISME; APPLICATIONS. — 13 fr.

3e fascicule. — *Les aimants. Magnétisme. Électromagnétisme. Induction*; avec 240 figures .... 8 fr.

4e fascicule. — *Météorologie électrique; applications de l'électricité. Théories générales*; avec 84 figures et 1 planche..... 5 fr.

TABLES GÉNÉRALES.

Tables générales, par ordre de matières et par noms d'auteurs des quatre volumes du **Cours de Physique**. In-8; 1891... 60 c.

Des suppléments destinés à exposer les progrès accomplis viendront compléter ce grand Traité et le maintenir au courant des derniers travaux.

1er SUPPLÉMENT. — **Chaleur. Acoustique. Optique**, par E. BOUTY, Professeur à la Faculté des Sciences. In-8, avec 41 fig.; 1896. 3 fr. 50 c.

PREMIERS PRINCIPES
D'ÉLECTRICITÉ INDUSTRIELLE

PILES, ACCUMULATEURS, DYNAMOS, TRANSFORMATEURS,

Par M. Paul JANET.

Chargé de Cours à la Faculté des Sciences de Paris,
Directeur du Laboratoire central d'Électricité.

2e ÉDITION, REVUE ET CORRIGÉE.

Un volume in-8, avec 173 figures; 1896 .... **6** fr.

COURS ÉLÉMENTAIRE D'ÉLECTRICITÉ

Lois expérimentales et principes généraux. Introduction à l'Électrotechnique.
(Leçons professées à l'Institut industriel du Nord de la France).

Par M. Bernard BRUNHES,

Docteur ès Sciences, Maître de Conférences à la Faculté des Sciences de Lille.

Un volume in-8, avec 137 figures; 1895 .... **5** fr.

MESURES ÉLECTRIQUES

LEÇONS PROFESSÉES A L'INSTITUT ÉLECTROTECHNIQUE MONTEFIORE
ANNEXÉ A L'UNIVERSITÉ DE LIÈGE.

Par M. Eric GÉRARD,

Directeur de l'Institut Électrotechnique Montefiore, Ingénieur principal des Télégraphes,
Professeur à l'Université de Liège.

Grand in-8, 450 pages, 198 figures; cartonné toile anglaise... ...... **12** fr.

LIBRAIRIE GAUTHIER-VILLARS ET FILS

ENCYCLOPÉDIE DES TRAVAUX PUBLICS

ET ENCYCLOPÉDIE INDUSTRIELLE

Fondées par M.-C. LECHALAS, Inspecteur général des Ponts et Chaussées.

TRAITÉ DES MACHINES A VAPEUR

RÉDIGÉ CONFORMÉMENT AU PROGRAMME DU COURS DE MACHINES A VAPEUR DE L'ÉCOLE CENTRALE.

PAR

ALHEILIG,
Ingénieur de la Marine,
Ex-Professeur à l'École d'application du Génie maritime.

Camille ROCHE,
Industriel,
Ancien Ingénieur de la Marine.

2 BEAUX VOLUMES GRAND IN-8, SE VENDANT SÉPARÉMENT (E. I.) :

TOME I : Thermodynamique théorique et applications. La machine à vapeur et les métaux qui y sont employés. Puissance des machines, diagrammes indicateurs. Freins. Dynamomètres. Calcul et dispositions des organes d'une machine à vapeur. Régulation, épures de détente et de régulation. Théorie des mécanismes de distribution, détente et changement de marche. Condensation, alimentation. Pompes de service. — Volume de XI-604 pages, avec 412 figures ; 1895.. **20** fr.

TOME II : Forces d'inertie. Moments moteurs. Volants régulateurs. Description et classification des machines. Machines marines. Moteurs à gaz, à pétrole et à air chaud. Graissage, joints et presse-étoupes. Montage des machines et essais des moteurs. Passation des marchés. Prix de revient, d'exploitation et de construction. Servo-moteurs. Tables numériques. — Volume de IV-560 pages, avec 281 figures ; 1895...... **18** fr.

CHEMINS DE FER

MATÉRIEL ROULANT. RÉSISTANCE DES TRAINS. TRACTION

PAR

E. DEHARME,
Ingénieur principal du Service central de la Compagnie du Midi.

A. PULIN,
Ingénieur, Inspecteur principal de l'Atelier central des chemins de fer du Nord.

Un volume grand in-8, XXII-441 pages, 95 figures, 1 planche ; 1895 (E.I.). **15** fr.

VERRE ET VERRERIE

PAR

Léon APPERT et Jules HENRIVAUX,
Ingénieurs.

Grand in-8, avec 130 figures et 1 atlas de 14 planches ; 1894 (E.I.).... **20** fr.

COURS DE CHEMINS DE FER

PROFESSÉ A L'ÉCOLE NATIONALE DES PONTS ET CHAUSSÉES

Par M. C. BRICKA,

Ingénieur en chef de la voie et des bâtiments aux Chemins de fer de l'État.

2 VOLUMES GRAND IN-8; 1894 (E. T. P.)

TOME I : Études. — Construction. — Voie et appareils de voie. — Volume de VI 634 pages avec 326 figures; 1894 .... **20 f**

TOME II : Matériel roulant et Traction. — Exploitation technique. — Tarifs. — D penses de construction et d'exploitation. — Régime des concessions. — Chemins fer de systèmes divers. — Volume de 709 pages avec 177 figures; 1894...... **20 f**

COUVERTURE DES ÉDIFICES

ARDOISES, TUILES, MÉTAUX, MATIÈRES DIVERSES,

Par M. J. DENFER,

Architecte, Professeur à l'École Centrale.

UN VOLUME GRAND IN-8, AVEC 429 FIG.; 1893 (E. T. P.).. **20 F**

CHARPENTERIE MÉTALLIQUE

MENUISERIE EN FER ET SERRURERIE,

Par M. J. DENFER,

Architecte, Professeur à l'École Centrale.

2 VOLUMES GRAND IN-8; 1894 (E. T. P.).

TOME I : Généralités sur la fonte, le fer et l'acier. — Résistance de ces matériau — Assemblages des éléments métalliques. — Chaînages, linteaux et poitrails. — Pla chers en fer. — Supports verticaux. Colonnes en fonte. Poteaux et piliers en fer. Grand in-8 de 584 pages avec 479 figures; 1894.......... **20 f**

TOME II : Pans métalliques. — Combles. — Passerelles et petits ponts. — Escalie en fer. — Serrurerie. (Ferrements des charpentes et menuiseries. Paratonnerres. Cl tures métalliques. Menuiserie en fer. Serres et vérandas). — Grand in-8 de 626 pag avec 571 figures; 1894.......... **20 f**

ÉLÉMENTS ET ORGANES DES MACHINE

Par M. Al. GOUILLY,

Ingénieur des Arts et Manufactures.

GRAND IN-8 DE 406 PAGES, AVEC 710 FIG.; 1894 (E. I.).... **12 F**

LE VIN ET L'EAU-DE-VIE DE VIN

Par Henri DE LAPPARENT,

Inspecteur général de l'Agriculture.

INFLUENCE DES CÉPAGES, DES CLIMATS, DES SOLS, ETC., SUR LA QUALITÉ DU VIN, VINIFICATION, CUVERIE ET CHAIS, LE VIN APRÈS LE DÉCUVAGE, ÉCONOMIE, LÉGISLATION.

GRAND IN-8 DE XII-533 PAGES, AVEC 111 FIG. ET 28 CARTES DANS LE TEXTE; 1895 (E. I.) .... **12** FR.

CONSTRUCTION PRATIQUE des NAVIRES de GUERRE

Par M. A. CRONEAU,

Ingénieur de la Marine,
Professeur à l'École d'application du Génie maritime.

2 VOLUMES GRAND IN-8 ET ATLAS; 1894 (E. I.).

TOME I : Plans et devis. — Matériaux. — Assemblages. — Différents types de navires. — Charpente. — Revêtement de la coque et des ponts. — Gr. in-8 de 379 pages avec 305 fig. et un Atlas de 11 pl. in-4° doubles, dont 2 en trois couleurs; 1894. **18** fr.

TOME II : Compartimentage. — Cuirassement. — Pavois et garde-corps. — Ouvertures pratiquées dans la coque, les ponts et les cloisons. — Pièces rapportées sur la coque. — Ventilation. — Service d'eau. — Gouvernails. — Corrosion et salissure. — Poids et résistance des coques. — Grand in-8 de 616 pages avec 359 fig.; 1894. **15** fr.

PONTS SOUS RAILS ET PONTS-ROUTES A TRAVÉES MÉTALLIQUES INDÉPENDANTES.

FORMULES, BARÈMES ET TABLEAUX

Par Ernest HENRY,

Inspecteur général des Ponts et Chaussées.

UN VOL. GRAND IN-8, AVEC 267 FIG.; 1894 (E. T. P.).... **20** FR.

Calculs rapides pour l'établissement des projets de ponts métalliques et pour le contrôle de ces projets, sans emploi des méthodes analytiques ni de la statique graphique (économie de temps et certitude de ne pas commettre d'erreurs).

BLANCHIMENT ET APPRÊTS

TEINTURE ET IMPRESSION

PAR

Ch.-Er. GUIGNET,
Directeur des teintures aux Manufactures nationales des Gobelins et de Beauvais.

F. DOMMER,
Professeur à l'École de Physique et de Chimie industrielles de la Ville de Paris.

E. GRANDMOUGIN,
Chimiste, ancien préparateur à l'École de Chimie de Mulhouse.

UN VOLUME GRAND IN-8 DE 674 PAGES, AVEC 368 FIGURES ET ÉCHAN TILLONS DE TISSUS IMPRIMÉS; 1895 (E. I.)....... **30** FR.

Cet important Ouvrage, avec 345 figures dans le texte et un choix d'échantillons d tissus, s'adresse surtout aux industriels; mais il sera aussi très apprécié par ceux q désirent connaître l'état actuel des grandes industries textiles. Rien n'a été négligé pa les Auteurs pour donner une idée aussi exacte que possible des merveilleuses machine récemment créées pour le traitement des fibres textiles à l'état brut ou sous la form de fils et de tissu. L'emploi des matières colorantes nouvelles est décrit avec tous le détails nécessaires pour guider les praticiens.

TRAITÉ DE CHIMIE ORGANIQUE APPLIQUÉE

Par M. A. JOANNIS,
Professeur à la Faculté des Sciences de Bordeaux,
Chargé de cours à la Faculté des Sciences de Paris.

2 VOLUMES GRAND IN-8 (E. I.).

TOME I : Généralités. Carbures. Alcools. Phénols. Éthers. Aldéhydes Cétones Quinones. Sucres. — Volume de 688 pages, avec figures; 1896.............. **20** f

TOME II : Hydrates de carbone. Acides. Alcalis organiques. Amides. Nitrite Composés azoïques. Radicaux organométalliques. Matières albuminoïdes. Ferme tations. Matières alimentaires. (*Pour paraître en* 1896.

MANUEL DE DROIT ADMINISTRATI

SERVICE DES PONTS ET CHAUSSÉES ET DES CHEMINS VICINAUX,

Par M. Georges LECHALAS,
Ingénieur en chef des Ponts et Chaussées.

2 VOLUMES GRAND IN-8, SE VENDANT SÉPARÉMENT. (E. T. P.)

TOME I : Notions sur les trois pouvoirs. Personnel des Ponts et Chaussées. Princip d'ordre financier. Travaux intéressant plusieurs services. Expropriations. Dommage et occupations temporaires. — Volume de CXLVII-536 pages; 1889.......... **20** f

TOME II (Ire PARTIE) : Participation des tiers aux dépenses des travaux public Adjudications. Fournitures. Régie. Entreprises. Concessions. — Volume de VII 399 pages; 1893.. **10** f

BIBLIOTHÈQUE PHOTOGRAPHIQUE

La Bibliothèque photographique se compose de plus de 200 volumes et embrasse l'ensemble de la Photographie considérée au point de vue de la science, de l'art et des applications pratiques.

A côté d'Ouvrages d'une certaine étendue, comme le *Traité* de M. Davanne, le *Traité encyclopédique* de M. Fabre, le *Dictionnaire de Chimie photographique* de M. Fourtier, la *Photographie médicale* de M. Londe, etc., elle comprend une série de monographies nécessaires à celui qui veut étudier à fond un procédé et apprendre les tours de main indispensables pour le mettre en pratique. Elle s'adresse donc aussi bien à l'amateur qu'au professionnel, au savant qu'au praticien.

TRAITÉ DE PHOTOGRAPHIE PAR LES PROCÉDÉS PELLICULAIRES,

Par M. George BALAGNY, Membre de la Société française de Photographie, Docteur en droit.

2 volumes grand in-8, avec figures; 1889-1890.

On vend séparément :

TOME I : Généralités. Plaques souples. Théorie et pratique des trois développements au fer, à l'acide pyrogallique et à l'hydroquinone.......... **4** fr.

TOME II : Papiers pelliculaires. Applications générales des procédés pelliculaires. Phototypie. Contretypes. Transparents.......... **4** fr.

MANUEL DE PHOTOCHROMIE INTERFÉRENTIELLE.

Procédés de reproduction directe des couleurs; par M. A. BERTHIER.

In-18 jésus, avec figures; 1895.......... **3** fr. **50** c.

TRAITÉ PRATIQUE DE LA DÉTERMINATION DU TEMPS DE POSE,

Par M. Gabriel de CHAPEL D'ESPINASSOUX.

Grand in-8, avec nombreuses Tables; 1890.......... **3** fr. **50** c.

LA PHOTOGRAPHIE. TRAITÉ THÉORIQUE ET PRATIQUE,

Par M. DAVANNE.

2 beaux volumes grand in-8, avec 234 fig. et 4 planches spécimens.. **32** fr.

On vend séparément :

Ire PARTIE : Notions élémentaires. — Historique. — Épreuves négatives. — Principes communs à tous les procédés négatifs. — Épreuves sur albumine, sur collodion, sur gélatinobromure d'argent, sur pellicules, sur papier. Avec 2 planches spécimens et 120 figures; 1886.......... **16** fr.

IIe PARTIE : Épreuves positives : aux sels d'argent, de platine, de fer, de chrome. — Épreuves par impressions photomécaniques. — Divers : Les couleurs en Photographie. Épreuves stéréoscopiques. Projections, agrandissements, micrographie. Réductions, épreuves microscopiques. Notions élémentaires de Chimie, vocabulaire. Avec 2 planches spécimens et 114 figures; 1888.......... **16** fr.

Un supplément, mettant cet important Ouvrage au courant des derniers travaux, paraîtra en 1896.

TRAITÉ DE PHOTOGRAPHIE STÉRÉOSCOPIQUE.

Théorie et pratique ; par M. A.-L. DONNADIEU, Docteur ès Sciences, Professeur à la Faculté des Sciences de Lyon.

Grand in-8, avec Atlas de 20 planches stéréoscopiques en photocollographie ; 1892.. 9 f

TRAITÉ ENCYCLOPÉDIQUE DE PHOTOGRAPHIE,

Par M. C. FABRE, Docteur ès-Sciences.

4 beaux vol. grand in-8, avec 724 figures et 2 planches ; 1889-1891... 48 f

Chaque volume se vend séparément **14** *fr.*

Des suppléments destinés à exposer les progrès accomplis viendront compléter Traité et le maintenir au courant des dernières découvertes.

1er *Supplément* (A). Un beau vol. gr. in-8 de 400 p. avec 176 fig. ; 1892. 14

Les 5 volumes se vendent ensemble.............................. 60

DICTIONNAIRE PRATIQUE DE CHIMIE PHOTOGRAPHIQUE

Contenant une *Étude méthodique des divers corps usités en Photograph* précédé de *Notions usuelles de Chimie* et suivi d'une description détaill des *Manipulations photographiques ;*

Par M. H. FOURTIER.

Grand in-8, avec figures ; 1892.............................. 8 f

LES POSITIFS SUR VERRE.

Théorie et pratique. Les Positifs pour projections. Stéréoscopes et vitrau Méthodes opératoires. Coloriage et montage :

Par M. H. FOURTIER.

Grand in-8, avec figures ; 1892.............................. 4 fr. 50

LA PRATIQUE DES PROJECTIONS.

Étude méthodique des appareils. Les accessoires. Usages et applicatio diverses des projections. Conduite des séances ;

Par M. H. FOURTIER.

2 vol. in-18 jésus.

TOME I. Les Appareils, avec 66 figures ; 1892.............................. 2 fr. 75

TOME II. Les Accessoires. La Séance de projections, avec 67 fig. ; 1893. 2 fr. 75

LES TABLEAUX DE PROJECTIONS MOUVEMENTÉS.

Étude des tableaux mouvementés ; leur confection par les méthodes phot graphiques. Montage des mécanismes ;

Par M. H. FOURTIER.

In-18 jésus, avec 42 figures ; 1893.............................. 2 fr. 25

LES LUMIÈRES ARTIFICIELLES EN PHOTOGRAPHIE.

Étude méthodique et pratique des différentes sources artificielles de l mières, suivie de recherches inédites sur la puissance des photopoudr et des lampes au magnésium ;

Par M. H. FOURTIER.

Grand in-8, avec 19 figures et 8 planches ; 1895.............................. 4 fr. 50

LE FORMULAIRE CLASSEUR DU PHOTO-CLUB DE PARIS.

Collection de formules sur fiches renfermées dans un élégant cartonnage et classées en trois Parties : *Phototypes, Photocopies et Photocalques, Notes et renseignements divers*, divisées chacune en plusieurs Sections ;

Par MM. H. Fourtier, Bourgeois et Bucquet.

Première Série ; 1892 .... **4 fr.**
Deuxième Série ; 1894 .... **3 fr. 50 c.**

LES PROJECTIONS SCIENTIFIQUES.

Étude des appareils, accessoires et manipulations diverses pour l'enseignement scientifique par les projections ;

Par MM. H. Fourtier et A. Molteni.

In-18 jésus de 300 pages, avec 113 figures ; 1894.

Broché .... **3 fr. 50 c.** | Cartonné .... **4 fr. 50 c.**

DICTIONNAIRE SYNONYMIQUE FRANÇAIS, ALLEMAND, ANGLAIS, ITALIEN ET LATIN DES MOTS TECHNIQUES ET SCIENTIFIQUES EMPLOYÉS EN PHOTOGRAPHIE.

Par M. Anthonny Guerronnan.

Grand in-8 ; 1895 .... **5 fr.**

L'ART PHOTOGRAPHIQUE DANS LE PAYSAGE.

Étude et pratique,

Par Horsley-Hinton, — traduit de l'anglais par H. Colard.

Grand in-8, avec 11 planches ; 1894 .... **3 fr.**

LA PHOTOGRAPHIE MÉDICALE.

Applications aux Sciences médicales et physiologiques ;

Par M. A. Londe.

Grand in-8, avec 80 figures et 19 planches ; 1893 .... **9 fr.**

VIRAGES ET FIXAGES.

Traité historique, théorique et pratique ;

Par M. P. Mercier,

Chimiste, Lauréat de l'École supérieure de Pharmacie de Paris.

2 volumes in-18 jésus ; 1892 .... **5 fr.**

On vend séparément :

Ire Partie : Notice historique. Virages aux sels d'or .... **2 fr. 75 c.**
IIe Partie : Virages aux divers métaux. Fixages .... **2 fr. 75 c.**

INSTRUCTIONS PRATIQUES POUR PRODUIRE DES ÉPREUVES IRRÉPROCHABLES AU POINT DE VUE TECHNIQUE ET ARTISTIQUE.

Par M. A. Mullin,

Professeur de Physique au Lycée de Grenoble, Officier de l'Instruction publique.

In-18 jésus, avec figures ; 1895 .... **2 fr. 75 c.**

TRAITÉ PRATIQUE DES AGRANDISSEMENTS PHOTOGRAPHIQUES.

Par M. E. TRUTAT.

2 volumes in-18 jésus, avec 105 figures ; 1891........................ 5 f

On vend séparément :

Ire PARTIE : Obtention des petits clichés ; avec 52 figures.............. 2 fr. 75
IIe PARTIE : Agrandissements ; avec 53 figures.......................... 2 fr. 75

IMPRESSIONS PHOTOGRAPHIQUES AUX ENCRES GRASSES.

Traité pratique de Photocollographie à l'usage des amateurs;

Par M. E. TRUTAT.

In-18 jésus, av. nomb. fig. et 1 pl. en photocollographie; 1892... 2 fr. 75

LA PHOTOTYPOGRAVURE A DEMI-TEINTES.

Manuel pratique des procédés de demi-teintes, sur zinc et sur cuivre;

Par M. Julius VERFASSER.

Traduit de l'anglais par M. E. COUSIN, Secrétaire-agent de la Société française de Photographie.

In-18 jésus, avec 56 figures et 3 planches; 1895........................ 3 f

TRAITÉ PRATIQUE DE PHOTOLITHOGRAPHIE.

Photolithographie directe et par voie de transfert. Photozincographie. Photocollographie. Autographie. Photographie sur bois et sur métal à grave. Tours de main et formules diverses;

Par M. Léon VIDAL,

Officier de l'Instruction publique, Professeur à l'École nationale des Arts décoratifs.

In-18 jésus, avec 25 fig., 2 planches et spécimens de papiers autographiques; 1893.. 6 fr. 50 c

MANUEL DU TOURISTE PHOTOGRAPHE.

Par M. Léon VIDAL.

2 volumes in-18 jésus, avec nombreuses figures. Nouvelle édition, revue et augmentée; 1889.. 10 fr

On vend séparément :

Ire PARTIE : Couches sensibles négatives. — Objectifs. — Appareils portatifs. — Obturateurs rapides. — Pose et Photométrie. — Développement et fixage. — Renforçateurs et réducteurs. — Vernissage et retouche des négatifs........ 6 fr

IIe PARTIE : Impressions positives aux sels d'argent et de platine. — Retouche et montage des épreuves. — Photographie instantanée. — Appendice indiquant les derniers perfectionnements. — Devis de la première dépense à faire pour l'achat d'un matériel photographique de campagne et prix courant des produits..... 4 fr

MANUEL PRATIQUE D'ORTHOCHROMATISME.

Par M. Léon VIDAL.

In-18 jésus, avec figures et 2 planches, dont une en photocollographie et un spectre en couleur; 1891.................................. 2 fr. 75 c

NOUVEAU GUIDE PRATIQUE DU PHOTOGRAPHE AMATEUR.

Par M. G. VIEUILLE.

3e édition, refondue et beaucoup augmentée. In-18 jésus, avec figures; 1892.. 2 fr. 75 c

5155 B. — Paris, Imp. Gauthier-Villars et fils, 55, quai des Gr.-Augustins.

Traité de
Pathologie générale

PUBLIÉ PAR

Ch. BOUCHARD

MEMBRE DE L'INSTITUT

PROFESSEUR DE PATHOLOGIE GÉNÉRALE A LA FACULTÉ DE MÉDECINE DE PARI

SECRÉTAIRE DE LA RÉDACTION :

G.-H. ROGER

Professeur agrégé à la Faculté de médecine de Paris, Médecin des hôpitaux

---

CONDITIONS DE LA PUBLICATION :

Le **Traité de Pathologie générale** *sera publié en 6 volumes gra in-8°. Chaque volume comprendra environ 900 pages, avec nombreu figures dans le texte. Les tomes I et II sont en vente. Les autres volu seront publiés successivement et à des intervalles rapprochés.*

Prix de la Souscription, 1er janvier 1896 . . . . . . **102 fr.**

DIVISIONS DU TOME I

1 *vol. grand in-8° de* 1018 *pages avec figures dans le texte.* **18 fr.**

H. ROGER. — **Introduction à l'étude de la pathologie générale.**
H. ROGER et P.-J. CADIOT. **Pathol. comparée de l'homme et des anima**
P. VUILLEMIN. **Considérations générales sur les maladies des végéta**
MATHIAS DUVAL. — **Pathogénie générale de l'embryon. Tératogéni**
LE GENDRE. — **L'hérédité et la pathologie générale.**
BOURCY. — **Prédisposition et immunité.**
MARFAN. — **La fatigue et le surmenage.**
LEJARS. — **Les Agents mécaniques.**
LE NOIR. — **Les Agents physiques. Chaleur. Froid. Lumière. Pr sion atmosphérique. Son.**
D'ARSONVAL. — **Les Agents physiques. L'énergie électrique et matière vivante.**
LE NOIR. — **Les Agents chimiques : les caustiques.**
H. ROGER. — **Les intoxications.**

VIENT DE PARAITRE

DIVISIONS DU TOME II

1 *vol. grand in-8° de* 932 *pages avec figures dans le texte.* . . **18 fr.**

CHARRIN. — **L'infection.**
GUIGNARD. — **Notions générales de morphologie bactériologique.**
HUGOUNENQ. — **Notions de chimie bactériologique.**
CHANTEMESSE. — **Le sol, l'eau et l'air agents de transmission maladies infectieuses.**
GABRIEL ROUX. — **Les microbes pathogènes.**
LAVERAN. — **Des maladies épidémiques.**
RUFFER. — **Sur les parasites des tumeurs épithéliales malignes.**
R. BLANCHARD. — **Les parasites.**

Traité de Chirurgie

PUBLIÉ SOUS LA DIRECTION DE MM.

Simon DUPLAY	**Paul RECLUS**
Professeur de clinique chirurgicale à la Faculté de Médecine de Paris Membre de l'Académie de Médecine.	Professeur agrégé à la Faculté de Médecine de Paris Chirurgien des hôpitaux Membre de la Société de chirurgie

PAR MM.

BERGER — BROCA — DELBET — DELENS — FORGUE
GÉRARD-MARCHANT — HARTMANN — HEYDENREICH
JALAGUIER — KIRMISSON — LAGRANGE — LEJARS
MICHAUX — NÉLATON — PEYROT — PONCET — POTHERAT
QUÉNU — RICARD — SEGOND — TUFFIER — WALTHER

8 volumes grand in-8° avec nombreuses figures. **150** fr.

Manuel de Pathologie externe

PAR MM.

RECLUS, KIRMISSON, PEYROT, BOUILLY

Professeurs agrégés à la Faculté de Médecine de Paris, Chirurgiens des Hôpita

4 volumes petit in-8°.

I — Maladies des tissus. 4e édition, par le Dr P. RECLUS.

II. — Maladies des régions : **Tête et Rachis**. 4e édition, par le Dr KIRMISSON.

III. — Maladie des régions : **Co Poitrine, Abdomen.** 4e éditi par le Dr PEYROT.

IV. — Maladie des régions : **Organ génito-urinaires et Membr** 4e édition, par le Dr BOUILLY.

Chaque volume est vendu séparément. **10** fr.

Séméiologie et Diagnostic des Maladies nerveuse

Par **Paul BLOCQ**
Chef des travaux anatomiques à la Salpêtrière

Et **J. ONANOFF**

1 volume in-18 diamant, cartonné toile anglaise, tranches rouges, av
88 figures dans le texte . . . . 5 f

Guide pratique des Maladies mentale

SÉMÉIOLOGIE, DIAGNOSTIC, INDICATIONS

Par le Dr **Paul SOLLIER**
Chef de clinique adjoint des maladies mentales à la Faculté

1 volume in-18 diamant, cart. toile anglaise, tranches rouges. . 5

Le traitement de la Coxalgie

Par le Dr **F. CALOT**
CHIRURGIEN EN CHEF DE L'HÔPITAL ROTHSCHILD
DE L'HÔPITAL CAZIN-PERROCHAUD ET DU DISPENSAIRE DE BERCK

1 volume in-16 avec 41 figures. Relié peau pleine . . . . . 5 fr.

Traitement rationnel de la Phtisie

Par le Dr **Ch. SABOURIN**
Ancien interne des hôpitaux de Paris
Lauréat de l'Académie des sciences et de la Faculté de Paris
Directeur de la station climatérique de Vernet-les-Bains

1 volume in-16, relié peau pleine 4

Ce livre pourrait avoir pour sous-titre : *Comment on devient phtisique, ce q faut faire pour se guérir, et pour ne pas donner sa maladie aux autres.* »

Sans avoir eu — l'auteur du moins le dit modestement — la prétention de r apprendre aux médecins, il espère qu'ils trouveront à glaner dans ces noti claires et précises, résultat d'une pratique déjà longue. Le public extra-médic qui ne cherche ni bibliographie, ni haute science, y trouvera certainement profit, et c'est pour lui avant tout que M. Sabourin a écrit cet excellent ouvrag

VIENT DE PARAITRE

La Photographie moderne

TRAITÉ PRATIQUE DE LA PHOTOGRAPHIE

ET DE SES

APPLICATIONS A L'INDUSTRIE ET A LA SCIEN

Par M. **Albert LONDE**

Directeur du Service photographique de la Salpêtrière,
Président de la Société d'excursions des Amateurs de photographie,
Secrétaire-général adjoint de la Société française de Photographie,
Président d'honneur du Photo-Club de Lyon,
Officier de l'Instruction publique.

DEUXIÈME ÉDITION

complètement refondue et considérablement augmentée.

1 vol. in-8° relié toile avec 346 figures dans le texte et 5 planche
hors texte (dont 1 frontispice). . . . **15** fr.

Dans cette science nouvelle qui se développe tous les jours, la nécessité d direction se fait d'autant plus sentir que les progrès sont plus sensibles : discerner le bon du mauvais ou du médiocre, il faut une somme de connaissa et une expérience pratique que l'on ne saurait demander à celui qui ne fait d photographie qu'une occupation passagère.

La plupart des auteurs n'ont pas compris la nécessité de cette directio donner au débutant, et c'est par des compilations de recettes et de formules q prétendent initier à la photographie.

Tout en reconnaissant la valeur de ces formulaires pour ceux qui se sont cialisés, l'auteur n'est pas tombé dans la même erreur : dans chaque hypot il a donné la solution la plus simple et la plus sûre, de façon à permettre au teur, qui voudra bien le suivre fidèlement, d'atteindre le but sans tâtonnement

---

VIENT DE PARAITRE

Études d'Économie rurale

Par M. **D. ZOLLA**

Lauréat de l'Institut
Professeur à l'Ecole de Grignon et à l'Ecole libre
des Sciences politiques.

1 vol. in-8°. . . . . **6** fr.

DIVISIONS DE L'OUVRAGE :

Les variations du prix du bétail et de la viande. — Les charges fiscales. — la propriété rurale et de l'agriculture. — L'impôt foncier. — La questio blé. — Etude sur la diminution du nombre des ovidés en France et en Eu — Le commerce des produits agricoles en France et à l'Etranger. — Le s lisme et l'agriculture en France.

La Nature

Revue des Sciences

et de leurs applications aux arts et à l'industrie

Journal Hebdomadaire illustré

Rédacteur en chef : Gaston TISSANDIER

	Paris	Départements	Union postal
Un an.	20 fr.	25 fr.	26 fr.
Six mois	10 fr.	12 fr. 50	13 fr.

Chaque année forme 2 volumes, dont chacun est vendu séparément.
Broché, 10 fr. — *Relié*, 13 fr. 50.

Fondée en 1873, par M. GASTON TISSANDIER, *La Nature* a été le premier des journaux de vulgarisation scientifique. Elle est encore plus considérable par son nombre d'abonnés, par la valeur de sa rédaction, par la sûreté de ses informations.

C'est elle qui sans cesser de faire autorité dans le monde scientifique, sachant rendre la science aimable, sans jamais la rendre vulgaire, a peu à peu créé un public pour s'intéresser aux choses dont l'aridité l'avait si longtemps rebuté.

D'une indépendance absolue, *La Nature* peut, sans crainte d'êt accusée de complaisance ou de mercantilisme, faire une large part la science pratique, même dans ses plus modestes applications.

Elle a, la première, inauguré ces *Récréations scientifiques*, qui o si souvent amusé en même temps qu'instruit les lecteurs de tous l âges ; elle a su faire à l'illustration une place chaque jour plus grand en s'imposant depuis longtemps la règle de ne donner jamais que d *figures originales* exécutées par nos meilleurs artistes.

Des collaborations éminentes, dont elle est fière à juste titre, l ont permis de tenir de la façon la plus précise, et presque toujou de première main, ses lecteurs au courant de toutes les découverte de tous les travaux importants, de toutes les observations curieuse

Paris. — Imprimerie L. MARETHEUX, 1, rue Cassette. — 7152.

ENCYCLOPÉDIE SCIENTIFIQUE DES AIDE-MÉMOIRE

Ouvrages parus et en cours de publication

Section de l'Ingénieur

LAVERGNE (Gérard). — Turbines.
HÉBERT. — Boissons falsifiées.
NAUDIN. — Fabrication des vernis.
SINIGAGLIA. — Accidents de chaudières.
H. LAURENT. — I. Théorie des jeux de hasard. — II. Assurances sur la vie.
GUENEZ. — Décoration de la porcelaine au feu de moufle.
VERMAND. — Moteurs à gaz et à pétrole.
MEYER (Ernest). — L'utilité publique et la propriété privée.
WALLON. — Objectifs photographiques.
BLOCH. — Eau sous pression.
CRONEAU. — Construction du navire.
DE MARCHENA. — Machines frigorifiques (2 vol.).
PRUD'HOMME. — Teinture et impressions.
ALHEILIG. — Construction et résistance des machines à vapeur.
SOREL. — La rectification de l'alcool.
P. MINEL. — Électricité appliquée à la marine.
DWELSHAUVERS-DERY. — Étude expérimentale dynamique de la machine à vapeur.
AIMÉ WITZ. — Les moteurs thermiques.
DE BILLY. — Fabrication de la fonte.
P MINEL. — Régularisation des moteurs des machines électriques.
HENNEBERT (Cl). — I. La fortification. — II. Les torpilles sèches. — III. Bouches à feu.
CASPARI. — Chronomètres de marine.
LOUIS JACQUET. — La fabrication des eaux-de-vie.
DUDEBOUT et CRONEAU. — Appareils accessoires des chaudières à vapeur.
C. BOURLET. — Traité des bicycles et bicyclettes.
H. LÉAUTÉ et A. BÉRARD. — Transmissions par câbles métalliques.
DE LA BAUME PLUVINEL. — La théorie des procédés photographiques.
HATT. — Les marées.
Ct VALLIER. — Balistique (2 vol.).
SOREL. — La distillation.
LELOUTRE. — Le fonctionnement des machines à vapeur.
DARIÈS. — Cubature des terrasses et mouvement des terres.
SIDERSKY. — Polarisation et saccharimétrie.
MOESSARD. — La topographie.
GOUILLY. — Géométrie descriptive (3 v.).
LE VERRIER. — La fonderie.
EMILE BOIRE. — La sucrerie.
BASSOT ET DESFORGES. — Géodésie.
SEYRIG. — Statique graphique.
ROUCHÉ. — La perspective
MOISSAN et OUVRARD. — Le nickel.
HOSPITALIER (E.). — Les compteurs d'électricité.
GUYE (PH.-A.). — Matières colorantes.

Section du Biologiste

DU CAZAL ET CATRIN. — Médecine légale militaire.
LAPERSONNE (DE). — Maladies des paupières et des membranes externes de l'œil.
KŒHLER. — Application de la Photographie aux Sciences naturelles.
BEAUREGARD. — Le microscope et ses applications.
LESAGE. — Le Choléra.
LANNELONGUE. — La Tuberculose chirurgicale.
CORNEVIN. — Production du lait.
J. CHATIN. — Anatomie comparée (4 v.).
CASTEX. — Hygiène de la voix parlée et chantée.
MAGNAN ET SÉRIEUX. — La paralysie générale.
CUENOT. — L'influence du milieu sur les animaux.
MERKLEN. — Maladies du cœur.
G. ROCHÉ — Les grandes pêches maritimes modernes de la France.
OLLIER. — La régénération des os et les résections sous-périostées.
LETULLE. — Pus et suppuration.
CRITZMAN. — Le cancer.
ARMAND GAUTIER. — La chimie de la cellule vivante.
MÉGNIN. — La faune des cadavres.
SÉGLAS. — Le délire des négations.
STANISLAS MEUNIER. — Les météorites.
GRÉHANT. — Les Gaz du sang.
NOCARD. — Les Tuberculoses animales et la Tuberculose humaine.
MOUSSOUS. — Maladies congénitales du cœur.
BERTHAULT. — Les prairies naturelles et temporaires.
ETARD. — Les nouvelles théories chimiques.
TROUESSART. — Parasites des habitations humaines.
LAMY. — Syphilis des centres nerveux.
RECLUS. — La cocaïne en chirurgie.
THOULET. — Guide d'océanographie pratique.
OLLIER. — Les grandes résections des articulations.
HOUDAILLE. — Météorologie agricole.
VICTOR MEUNIER. — Sélection et perfectionnement animal.
HÉNOCQUE. — Spectroscopie biologique. Spectroscopie du sang.
GALIPPE ET BARRÉ. — Le pain (2 v.).
LE DANTEC. — La matière vivante.
L'HÔTE. — Analyse des engrais.
LARBALÉTRIER. — Les tourteaux de graines oléagineuses comme aliments et comme engrais.
LE DANTEC ET BÉRARD. — Les sporozoaires et particulièrement les coccidies pathogènes.

www.ingramcontent.com/pod-product-compliance
Ingram Content Group UK Ltd.
Pitfield, Milton Keynes, MK11 3LW, UK
UKHW012025240726
13965UKWH00002B/570